良いコンクリートを打つための要点

《改訂第10版》

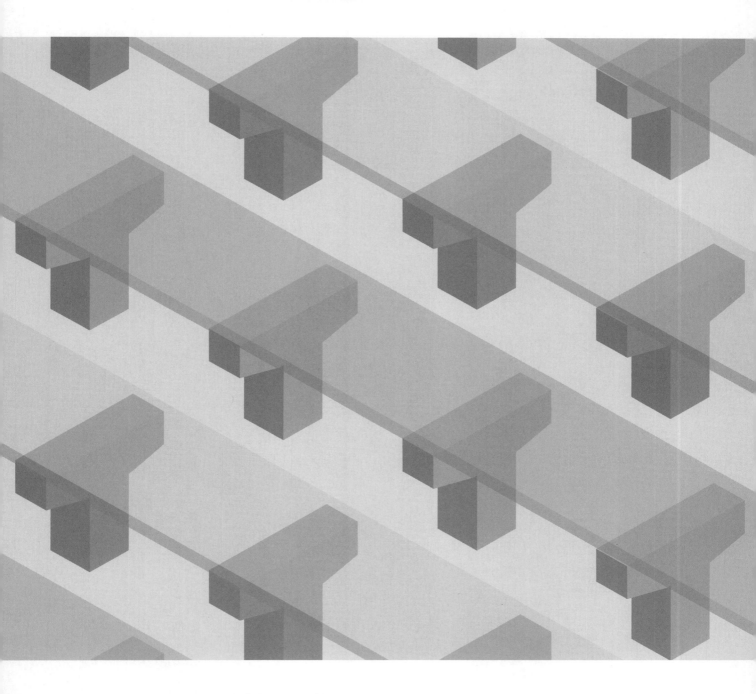

一般社団法人
JCM 全国土木施工管理技士会連合会

序

　土木構造物の建設では、その殆んどが、コンクリート工事を伴ないます。そのため、コンクリート工事の施工能力が土木施工業者の施工能力を示すバロメーターとみなされます。コンクリートの打設面が美しいと、「この業者は頼りになる、良くやっている」と思われ、打設面に豆板やコールドジョイントが見られると、「いいかげんな業者だ、まかせておけない」といわれることになります。それは、コンクリート工事が、その作業を行う現場技術者の知識・経験と熱意・精神力に負うところが大きいからです。コンクリート工事に際しては、材料の選定、配合の決定、製造、打込み、養生など、計画から施工に至る各段階でコンクリートの知識と経験が活用されなければなりません。

　かつてコンクリートを現場で練り上げ、汗を流して打設していたころは、コンクリートの品質への関心は高く、コンクリートに対する愛着も強かったようです。しかし、近年のレディーミクストコンクリートとコンクリートポンプ工法の普及は、土木技術者からコンクリートへの愛着をとりあげてしまう結果を招いたともいえます。コンクリート工事が分業化し、それぞれの専業者の手に委ねられるようになった現在、施工管理者のコンクリートに対する知識と経験は、少なからず低下してきているといってよいでしょう。良いコンクリート構造物は、優れたコンクリート施工技術者によって創られます。

　このような主旨から、土木施工管理技術者を対象にこれだけは知っておいてもらいたいコンクリートの知識をまとめて、昭和56年に本書（初版）を発行しました。その後、昭和59年に改訂第1版、昭和62年、平成2年、平成5年、平成8年、平成13年、平成18年、平成20年と改訂を重ね、平成30年（2018年）に改訂第9版を発行し、初版の発行以来、非常に多くの読者を得ました。また、本書を利用した講習会が（社）全国土木施工管理技士会連合会ほかによって各地で開催され、多くの技術者がコンクリート施工技術の重要性を再び認識しつつあることを強く感じました。改訂第9版の発行以降もコンクリート構造物を構築するための技術は徐々に変化し、さらに最近は、高度成長時代に施工されたコンクリートの維持管理に関わる深刻な問題が提起されるようになり、コンクリートの耐久性向上への要請がますます強まってきています。このような背景のなか、土木学会コンクリート標準示方書が改訂され、さらにその他の諸規準も新技術の出現に応じて改訂、改正されたため、本書も第10回の改訂版を発行することとなりました。

　この改訂版が、さらに多くの現場技術者に活用されることを切望します。

　なお、この改訂版も頁数が限られているため、必要と考えられる事項すべてをとり挙げることができていません。読者の皆さんは本書で基本的な知識を把握した上、他の参考図書も利用し、実務に応用していただきたいと思っています。その結果として良いコンクリート構造物を世に送り出されることを切に願う次第です。

2024年5月

編　者

目 次

第3章　コンクリートの施工と管理の要点

第4章　生コンの上手な使い方

第5章　コンクリートのひび割れとその対策

第6章　特別な配慮が必要なコンクリート

第7章　コンクリート技術の歴史と展望

付 録

第 1 章
知っておきたい
コンクリートの基礎知識

1.1　良いコンクリートの条件

　良いコンクリートとは、フレッシュコンクリートの間は作業に適するワーカビリティーをもち、硬化したのちは所要の強度、耐久性、水密性、ひび割れ抵抗性ならびに鋼材を保護する性能などをもつコンクリートで、ばらつきが少なく経済的なものをいう。

　建設工事に使用されるコンクリートに対して要求される性能は、その工事の目的に合ったものでなければならない。あるコンクリートが通常の環境条件では十分な耐久性や強度をもっているとしても、激しい気象作用を受けるような場所でそれが用いられた場合には、耐久性に欠けていると評価される。水理構造物に対しては水密性が最も必要であるし、橋梁上部工では強度と剛性が大切な要素となる。

　一般にあらゆる条件に対しても最良の品質をもつコンクリートは、経済性の面からは不適当なことが多い。すなわち、耐久性、強さ、経済性、外観などの面で与えられた条件を許される範囲内で満足するものが、良いコンクリートといえる。換言すれば、打設に無理がなく、硬化後の強度は設計荷重に対して一定の余裕があり、構造物の供用期間内に有害な損傷を受けず十分安全であり、また単に最初の施工費だけでなく、予定される供用期間中の維持、補修などを考えた場合でも経済的であるようなコンクリート構造物でなければならない。

　良いコンクリートの基本的な性質とその性質を左右する要素を**図-1.1**に示す。

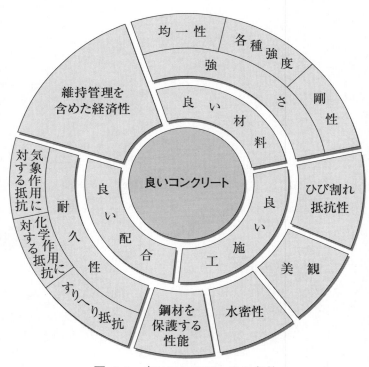

図-1.1　良いコンクリートの条件

1.2　コンクリート材料とその品質の見分け方

　コンクリートは、砂利や砕石などの粗骨材と、砂や砕砂などの細骨材、およびそれらを結合するセメントなどの結合材と水より構成されたセメントペーストで構成される。また、必要に応じてコンクリートの性質を改善するための混和剤などが混合されたものである。

　モルタルはコンクリートの構成材料のうち粗骨材を欠くもので、セメントペーストはモルタルの構成材料のうち細骨材を欠くものと定義され、それらの概念は**図-1.2**のようになる。

　良いコンクリートは単位水量を少なくすることを目指し、良い材料と適切な配合によって造られることになる。コンクリート用材料のそれぞれの品質の見分け方を理解しておきたい。

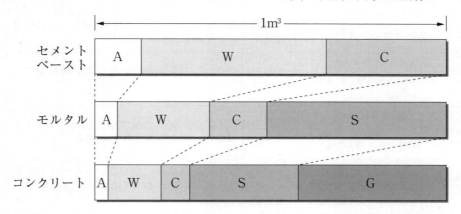

A：空気　W：水　C：セメント　S：細骨材　G：粗骨材

図-1.2　モルタル、コンクリートの定義

1.2.1　セメント

　セメントには、**表-1.1**に示すようにいろいろな種類がある。ポルトランドセメントには、普通、早強、超早強、中庸熱、低熱、耐硫酸塩の6種類がJISに規定されている。低アルカリ形のポルトランドセメントは、これらの規格のほかに全アルカリ0.6%以下の規格が加えられる。

　わが国で広く使用されているセメントは普通ポルトランドセメントと高炉セメントB種である。

　普通ポルトランドセメントは、一般工事用として最も多く使用されているセメントである。早強ポルトランドセメントは早期に高い強度が得られるので、プレストレストコンクリート、寒中コンクリート、工場製品などに用いられる。超早強ポルトランドセメントは、早強ポルトランドセメントよりさらに硬化が早く、緊急工事などに用いられるが、近年は受注生産の形となっているためほとんど生産されていない。中庸熱ポルトランドセメントは水和熱が少ないので、ダムなどのマスコンクリート工事に適用されることが多いが、近年では高層建築物などの高強度コンクリート用のセメントとして適用されることもある。

　混合セメントには高炉セメント、シリカセメント、フライアッシュセメントなどがあり、

表-1.1　セメントの種類と特徴

	種　　類	特　　徴	生産量比率[1]	％
ポルトランドセメント	普通ポルトランドセメント[2]	一般的なセメント	68.4	76.5
	早強ポルトランドセメント[2]	普通セメントの7日強度を3日で発揮し，水密性が高く，低温でも強い	6.0	
	超早強ポルトランドセメント[2]	早強セメントの3日強度を1日で発揮し，早強セメントと似た性質をもつ	0.0	
	中庸熱ポルトランドセメント[2]	水和熱が少なく，短期強度の発現は遅いが長期強度は大きくなる。乾燥収縮が小さく，耐久性に富む	1.6	
	低熱ポルトランドセメント[2]	海水などの硫酸塩を含む水に対する耐久性大	0.4	
	耐硫酸塩ポルトランドセメント[2]	中庸熱セメントよりさらに水和熱が少なく，初期強度は小さいが長期強度は大きい	0.0	
混合セメント	高炉セメント[2]　A種（5％を超え30％以下）[3] B種（30％を超え60％以下）[3] C種（60％を超え70％以下）[3]	水和熱は少ない。長期で強度が伸びる。耐海水性，水密性が大きい	20.7	23.2
	シリカセメント[2]　A種（5％を超え10％以下）[3] B種（10％を超え20％以下）[3] C種（20％を超え30％以下）[3]	長期強度，水密性，化学抵抗性が大きい。ワーカビリティーが増し，ブリーディングが減る	0.0	
	フライアッシュセメント[2]　A種（5％を超え10％以下）[3] B種（10％を超え20％以下）[3] C種（20％を超え30％以下）[3]	水和熱が少ない。長期強度が大きい。ワーカビリティーが増し，乾燥収縮が小さくなる。化学抵抗性，水密性大	0.0	
	その他の混合セメント（三成分系セメント）	水和熱が特に少ない 長期強度が大きい 化学抵抗性は大きいが中性化はやや早い	2.4	
その他のセメント	アルミナセメント	6～12時間で普通セメントの28日強度程度が得られる	0.3	0.3
	超速硬セメント	2～3時間で実用強度が得られる		
	コロイドセメント	微粉末セメント		
	油井セメント	高温，高圧下での流動性に富む		

（注）　1) 2021年度実績　四捨五入のため，計が合わないことがある。　2) JISで基準化されているセメント　3)（　）内は混合材の混合比（wt%）

表-1.1に示すように混合材の混合比によりA・B・C種に分けられる。

　高炉セメントは、銑鉄精錬の際に副産物として生産される高炉水さいとポルトランドセメントを混合したもので、高炉水さいがポルトランドセメントのアルカリ刺激を受けて反応する潜在水硬性のため、一般的には長期的な強度発現が期待され、化学抵抗性も大きい。特に河川・港湾構造物や下水道関連工事に多く用いられ、普通ポルトランドセメントに次いで生産量も多い。高炉水さいは副産物であるため品質のばらつきを生じることもある。一般的には水和熱が少ないとされているが、高炉水さいの比表面積が大きい場合は、反応が時期、水和率ともに早まり収縮も大きくなるため、マスコンクリートに不向きとなる。

　シリカセメントはシリカ質の天然ポゾランを混合材としたセメントである。フライアッシュ

セメントは、火力発電所で微粉炭を燃焼した時生ずる石炭灰のうち良質なフライアッシュを混合材としたセメントで、フライアッシュのポゾラン反応のため、長期材齢で強度が増大する。また、水密性、耐久性に優れており、水和熱が少ない。そのため、マスコンクリートや水理構造物に使用される。ポルトランドセメントに高炉水さいとフライアッシュを適当な比率で混合した三成分系混合セメントと称される低発熱性セメントを使用する例もある。

　超速硬セメントは、超早強ポルトランドセメントよりさらに早強性を有するセメントで、一般には、緊急工事用として用いられ、通常2〜3時間で実用強度に達する。

　コンクリートの性質は、使用するセメントにより特徴を持たせることができるので、いろいろなセメントの特質を理解しておきたい。

1.2.2　骨材

　骨材は、コンクリート中の約70％の容積を占め、骨材の品質はコンクリートの性能に大きく影響する。川砂、川砂利などは河川でもまれて角が取れているため粒形がよく、コンクリートとしたときに、同等の施工性能を得るための単位水量が少なくできる。また、骨材の粒子の大きさが大小適切に混合されていると、締め固めたときの充てん性がよく密実になりやすい。骨材は、粒形が丸みをもち、大小の粒子が適切に混合されたものがよいとされている。良質な骨材として要求される性質を図-1.3に示す。なお、骨材の品質は、第一に粒度、粒形が重要視されるが、堅硬であることと、必要に応じてすりへりに対する抵抗性や化学的に安定であるなどの性質があることが必要条件となる。

　コンクリート用骨材は、採取場所により川砂利、陸砂利、山砂利、海砂利、砕石、川砂、山砂、海砂、砕砂などで呼ばれるが、海砂では塩分濃度や貝がら混入の問題、山砂では泥分や有機不純物の混入の問題、砕石や砕砂では岩質と破砕方法により粒形が悪くなる場合があり、実積率やすりへり抵抗などの問題などがある。さらに、環境保全の観点からは、河川骨材や海砂の採取も規制され、砕砂の使用が余儀なくされ、砕石や砕砂の品質向上が望まれている。コンクリートの製造にあたっては、使用する骨材の性質をよく理解しておかなければならない。

硬くて強い
ゴミ,ドロ,有機物を含まない
密度が大きい
単位容積質量が大きい
すりへりにくい
気象作用に影響を受けにくい
吸水率が小さい
粒子が丸い
粒度分布が広い
化学的に安定である
塩化物イオン量が少ない

図-1.3　良質の骨材として要求される条件

(1) 骨材の性質

骨材の性質の標準的な値を**表-1.2**に示す。

一般に、密度の大きい骨材は吸水率が小さく、強度や耐久性が高い。単位容積質量は、粒度が良い骨材ほど大きく、粒度が適当であれば、最大寸法が大きいほどその値が大きくなる。また、骨材の密度が同じであれば、単位容積質量が大きいものほど実積率が大きく、良い骨材と言うことができる（**表-1.3**）。骨材の粒度は、特にコンクリートのワーカビリティーに大きく影響し、粒度分布や粗粒率の算出に必要であり、骨材としての使用の適否の判定だけでなく、品質管理として使用される。

有害物質が有害量以上含まれると、コンクリートは、骨材とセメントとの付着力が低下、単位水量の増加、強度低下、異常凝結、鉄筋の発錆、耐久性の低下、着色、施工性の不良などの問題が生ずる。土木学会コンクリート標準示方書【施工編】では、骨材の品質基準を**表-1.4**、**表-1.5**のように規定している。

(2) 骨材の種類

骨材を生産方法により分類すると、普通骨材と人工骨材とに分けられ、普通骨材には、砂（川砂、山砂、海砂など）、砂利（川砂利、海砂利、山砂利など）、砕砂、砕石、天然軽量骨材など

表-1.2 骨材の標準的な性質

骨材の種類 性質	天然骨材		人工軽量骨材	
	細骨材	粗骨材	細骨材	粗骨材
絶乾密度 (g/cm³)	2.50〜2.65	2.50〜2.70	1.5〜1.8	1.2〜1.4
吸水率 (%)	1〜4	0.5〜2	8〜12[1]	6〜10[1]
単位容積質量 (kg/m³)	1,500〜1,850	1,550〜1,900	800〜1,200	650〜900
粗粒率	2.3〜3.5	—	2.0〜2.8	—
実積率 (%)	55〜65	55〜65	50〜55	60〜65

（注） 1) 24時間吸水率

表-1.3 骨材の粒度・粒形と実積率

骨材の詰まり方			
骨材形状	×	○	○
粒度	×	×	○
実積率	×	△	○

6

があり、人工骨材には、各種のスラグ骨材、人工軽量骨材、副産軽量骨材などがある。

　川砂、川砂利は、一般に粒形がよく、コンクリート用骨材としては適しているものの、自然環境保護のため採取が規制され、旧河川である場所からの採取がほとんどであり、減少の一途である。そのため近年は、細骨材としては砕砂、山砂などの混合砂が多く用いられ、粗骨材としては砕石の利用が多くなっている。さらに海洋環境保全のための海砂の採取規制は、砕砂の使用を増加させ、良質の骨材の製造は急務となっている。

　全国における骨材供給の推移を**図-1.4**に示す。**図-1.4**は平成27年度までの推移であるが、それ以降は顕著な違いはない。

　海砂については、**表-1.4**に示すように塩化物（塩化物イオン量）が細骨材の絶乾質量に対し

表-1.4　骨材の品質に関する基準（砂・砂利）

項　目	細骨材（砂）[*1,*2]		粗骨材（砂利）[*1,*2]	
	品　質	試験方法	品質	試験方法
絶乾密度　g/cm³	2.5以上[*3]	JIS A 1109	2.5以上	JIS A 1110
吸水率　%	3.5以下	JIS A 1109	3.0以下	JIS A 1110
粘土塊量　%[*4]	1.0以下	JIS A 1137	0.25以下	JIS A 1137
微粒分量　%	3.0以下（ただし、コンクリート表面がすり減り作用を受けない場合は5.0以下）	JIS A 1103	1.0以下	JIS A 1103
有機不純物	標準色液または色見本の色より淡い	JIS A 1105	——	——
塩化物量　%	0.04以下[*5]	JIS A 5002	——	——
安定性（耐凍害性）　%	10以下	JIS A 1122	12以下	JIS A 1122
すりへり減量　%	——	——	35以下[*6]	JIS A 1121

＊1：砕石および砕砂の品質はJIS A5005に示されるものを標準とする。
　　　特に、微粉分量は、そのほとんどが原石を粉砕したであれば変動幅が小さいことを条件に上限値を大きく許容している。
＊2：高炉スラグ細骨材及び粗骨材はJIS A5011-1、フェロニッケルスラグ細骨材はJIS A5011-2、銅スラグ細骨材はJIS A5011-3、電気炉酸化スラグ細骨材及び粗骨材はJIS A5011-4に適合したものを標準とする。また、再生細骨材及び粗骨材はJIS A5021に適合したものを標準とする。
＊3：購入者の承認を得て2.4以上とすることができる。
＊4：試料は、JIS A1103による骨材の微粒分量試験を行った後にふるいに残存したものを用いる。
＊5：細骨材の絶乾質量に対する百分率であり、NaClに換算した値で示す。
＊6：舗装コンクリートに用いる場合に適用する。

表-1.5　JIS A 5005（砕砂・砕石）に示される骨材の品質基準と試験方法

項　目	細骨材（砕砂）		粗骨材（砕石）	
	品　質	試験方法	品質	試験方法
絶乾密度　g/cm³	2.5以上	JIS A 1109	2.5以上	JIS A 1110
吸水率　%	3.0以下	JIS A 1109	3.0以下	JIS A 1110
微粒分量　%	9.0以下（ただし、許容差は±2.0%）	JIS A 1103	3.0以下（ただし、粒形判定実積率が58%以上の場合は最大5.0%とすることができる　また許容差は±1.0%）	JIS A 1103
安定性（耐凍害性）　%	10以下	JIS A 1122	12以下	JIS A 1122
すりへり減量　%	——	——	40以下	JIS A 1121

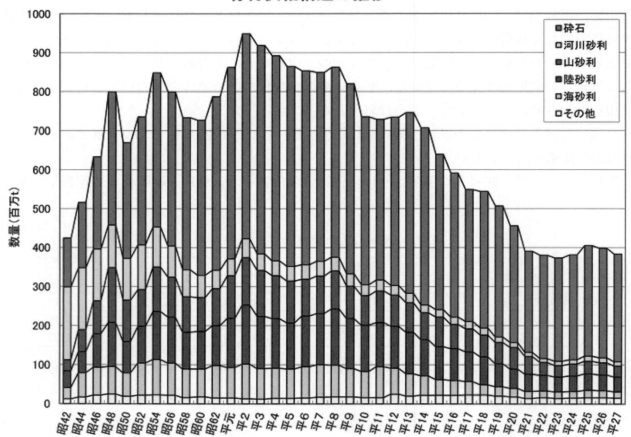

骨材供給構造の推移

図-1.4　骨材需給の推移

て0.04％以下とするよう示されている。海砂中に含まれる塩化物の大部分（約90％）を構成する塩化ナトリウムは、コンクリート中の鋼材の腐食を早めるだけでなく、アルカリシリカ反応を促進させる作用も有するので、アルカリ反応性骨材と組み合わせる場合は十分注意が必要である。

　塩化物は、鉄筋の発錆に悪影響を及ぼすだけでなく、乾燥収縮量の増加や凝結を早めるなどの影響もあるので、できるだけ少なくするとよい。なお、貝がらの混入は、中空の貝がらなどを除けば、多量でなければあまり問題はない。

　砕砂は、粒形が角ばっているばかりでなく、微粒分が付着している場合が多い。そのため、所要のワーカビリティーを得るのに必要な単位水量が多くなりがちであるので注意を要する。砕砂は、JIS A 5005に規定されている。

　砕石は、角ばりや、表面の粗さから所要のワーカビリティーを得るための単位水量が多くなりがちであるが、十分に練り混ぜられればセメントペーストとの付着は高まり、堅硬な岩石であればむしろ河川砂利より優れる場合もある。砕石には、JIS A 5005の規定がある。

　軽量骨材は、コンクリートの単位容積質量を軽減する目的で使用され、建築分野や橋梁の床

版などに使用されることがある。使用されている軽量骨材は、ほとんど構造用人工軽量骨材である。

　高炉スラグ細骨材および高炉スラグ粗骨材は、砂利、砕石などの普通骨材と混合あるいは単独で使用することができ、JIS A 5011-1にその規定が定められている。また、フェロニッケルスラグ骨材、銅スラグ骨材、電気炉酸化スラグ骨材および石炭ガス化スラグ骨材についても産業副産材の有効利用のためJIS A 5011-2、JIS A 5011-3、JIS A 5011-4およびJIS A 5011-5にその規定が定められており、コンクリート示方書では、基準に適合したものを用いるよう規定している。なお、再生骨材コンクリートMはJIS A 5022に、再生骨材コンクリートLはJIS A 5023に示されている。さらに、解体されたコンクリートから再生されたコンクリート再生骨材HはJIS A 5021に、一般廃棄物、下水汚泥又はそれらの焼却灰を溶融固化したコンクリート用溶融スラグ骨材はJIS A 5031に示されている。

1.2.3　混和剤

　近年では、混和剤を用いないでコンクリートを製造することはまず考えられないほど、混和剤の使用は一般化している。最も多く用いられているのは、AE剤、AE減水剤で、それらに付加的に遅延剤、促進剤などが用いられる（**表-1.6**）。たとえば、AE減水剤遅延形、AE減水剤促進形などの名称で商品化されている。各々の混和剤の特性、効果などについては、詳しくは諸文献やメーカーのカタログ、技術資料等を参考にするとよいが、カタログどおりの効果のないものや使い方によっては有害となるものもあるので注意しなければならない。コンクリート用化学混和剤は、JIS A 6204に品質およびその試験方法が規定されている。

1.2.4　混和材

　混和材料とは、セメント、水、骨材以外の材料で、フレッシュコンクリートや硬化したコンクリートの性質を改善することを目的とし、練混ぜの際に必要に応じて加えられるものである。使用量の多少によって、混和剤と混和材に分けられている。「混和剤」は微少量用いてその効果を得る混和材料で、「混和材」は比較的多量に用いる混和材料で、配合計算に組み入れることが必要である。**表-1.6**に示すように、さまざまな目的のために各種の混和材が市販されている。

1.2.5　練混ぜ水

　コンクリート用練混ぜ水には、一般に水道水、河川水、地下水などが用いられるが、油、酸、塩類、有機不純物など、鋼材を腐食させたり、コンクリートの凝結、硬化、収縮、耐久性などの品質に影響を及ぼす物質を有害量含んではならない。一般的には、口に含んで苦味、かん味、臭いがなく、飲める程度に清浄な水であれば使用してもよいとされている。なお、鉄筋コンク

表-1.6 混和材料の分類とその効果

分 類		特 徴 お よ び 効 果	用 途
A E 剤		コンクリートの中に微細な独立した気泡を一様に分布させる混和剤。ワーカビリティーが良くなり，分離しにくくなり，ブリーディング，レイタンスが少なくなる。凍結，融解に対する抵抗性が増す。コンクリートの肌が良くなる。	最も一般に用いられる。とくに寒冷地では必ず用いられる。
減水剤	標 準 形	軟らかくなるため同一ワーカビリティーの場合には減水できる。減水に伴って単位セメント量を減らせる。コンクリートを緻密にし鉄筋との付着などがよくなる。コンクリートの粘性が増し，分離しにくくなる。	単位水量，単位セメント量が多くなりすぎるときなどに用いる。
	促 進 形	標準形と同様の効果をもつが，この混和剤は強度が早く発現するのが特徴。塩化物を含んでいるものが多いので鉄筋の発錆などの問題がある場合は注意を要する。	主に寒中施工の場合に使用。
	遅 延 形	減水効果のほかにコンクリートの凝結を遅らせる効果がある。コンクリートの水和熱による温度上昇の時間を若干遅らせる。	マスコンクリート，暑中コンクリート。
AE減水剤	標 準 形	AE剤と減水剤の両方の効果を備えた混和剤。最近は，「高機能AE減水剤」と呼ばれ，減水率を高めることができる性能，スランプ保持性能を高めた製品なども使用されている。	AE剤とともに，一般的に使用されている。
	促 進 形		
	遅 延 形		
高性能AE減水剤	標 準 形	空気連行性をもった高性能減水剤で，スランプロス低減効果を付与された混和剤。	高強度，高流動用など，単位水量，単位セメント量を低減したい場合に使用。
	遅 延 形		
高 性 能減 水 剤		所定のスランプを得るのに必要な単位水量を大幅に減少させるか，または単位水量を変えることなくスランプを大幅に増加させる混和剤。	高強度用。とくに単位水量・セメント量を少なくしたいときなど。
流動化剤	標 準 形	あらかじめ練り混ぜられたコンクリートに添加し，これを撹拌することによって，その流動性を増大させる混和剤	施工現場でスランプが低下した場合に使用する。
	遅 延 形		
凝 結 遅 延 剤		凝結の開始時間を遅らせる混和剤。多量に用いると硬化不良を起こすことがある。	暑中施工時。
硬 化 促 進 剤		初期材齢における強度を増進させる。無塩化形と，塩化物を含むものがあり，後者は，鉄筋の腐食が懸念される場合は使用に注意。乾燥収縮が若干大きくなる。	寒中あるいは急速施工用。
防 錆 剤		鉄筋の防錆効果を期待するものである。	海砂を使う場合など。
分 離 低 減 剤		粘性が高く，材料分離を起こさないようにする材料。ブリーディングもほとんどなく，セルフレベリング性が高くなる。	水中コンクリート，逆打ちコンクリート，高流動コンクリート。
フライアッシュ		長期強度が大きい，水密性が大きい，化学抵抗性が大きいなどの利点があるが，早期強度が小さい。品質によっては，単位水量が多くなり，乾燥収縮が大きくなることもある。	マスコンクリート，暑中コンクリート。
高炉スラグ微粉末			
シリカフューム		マイクロフィラー効果によって高い流動性と高い強度が発現される。	高強度コンクリート。
鉱 物 質 微 粉 末		石灰岩などの岩石粉末で，ブリーディングの低減，強度の増加効果がある。	ブリーディングの抑制が必要な場合など。
膨 張 材		初期材齢で若干膨張することによって収縮率を小さくできる。初期の湿潤養生がとくに大切である。使用量が，多過ぎると有害になることもある。	水密コンクリートなど，ひび割れ防止用。
急 硬 材		極短時間でコンクリートの強度発現を期待できる。セッターを適切に用いてハンドリングタイムを調節できる。	主として補修工事用コンクリートとして使用。

リートには練混ぜ水として海水を用いてはならない。

　レディーミクストコンクリート工場のミキサや運搬車などの洗い水から、骨材を除いた水（回収水）を用いる場合は、JIS A 5308：2019「レディーミクストコンクリート」附属書 c の「レディーミクストコンクリートの練混ぜに用いる水」に示される回収水の品質規準に適合したものを使用する。

1.3　コンクリートの配合設計の考え方

　コンクリートを構成するセメント、水、骨材、混和材料などの各材料の割合（土木では配合、建築では調合という）によって、コンクリートの流動性、強度、耐久性、水密性などが変化する。配合設計とは、構造物に要求される性能を満足させるべく、コンクリートの構成材料の比率を定めることである。

　コンクリートの強度、耐久性、水密性などの性能は、主に単位水量と単位セメント量とその比（水セメント比）によって支配される。作業に適する範囲内で単位水量を少なくすれば、所要の品質のコンクリートを得るのに必要な単位セメント量を減少させることができ、経済的でかつひび割れの少ないコンクリートとすることができる。したがって、所要の強度、耐久性および水密性をもつコンクリートをつくるためには、作業に適するワーカビリティーが得られる範囲内で、単位水量をできるだけ少なくすることが大切である。配合比率の決定はきわめて重要な作業である。

1.3.1　配合設計の手順

　コンクリートの配合設計では、作業に適するワーカビリティーをもち、硬化したコンクリートが所要の強度、耐久性、水密性をもつ配合のうち、単位水量ができるだけ少なくなるように各材料の割合を決定することが重要である。

　配合設計の手順としては、**図-1.5**に示すように、構造物の種類、寸法、施工方法、耐久性、水密性、設計強度などの必要とする条件を考え、粗骨材の最大寸法、スランプ、空気量、水セメント比などを定めて、各材料の割合を求めるものである。なお、配合を決定するのに先だって、セメント、骨材などの密度、骨材の粒度分布、粗粒率、吸水率、単位容積質量などを測定し、混和材料の品質を確認しておく。それらの結果を用いて、コンクリートの配合は原則として試し練りによって定めなければならない。

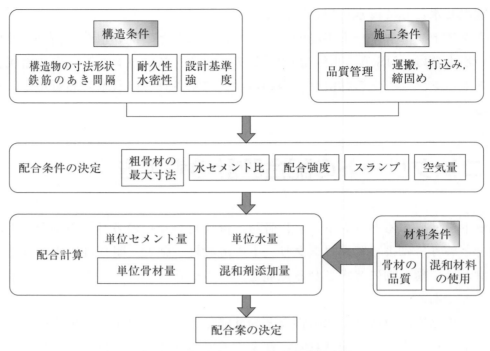

図-1.5　コンクリート配合設計の手順

(1)　粗骨材の最大寸法の選定

　粗骨材の最大寸法は、構造物の種類、部材の最小寸法、鉄筋のあき、間隔、かぶりなどを考慮し、**表-1.7**を参考にして決定する。粗骨材の最大寸法が大きいほど同一スランプを得るのに必要な単位水量が少なくてすむため、施工可能な範囲内で粗骨材の最大寸法を大きくすることが望ましい。なお、一般にレディーミクストコンクリート工場では、貯蔵施設の制約から最大寸法は40mmと20mm（または25mm）の２種類としている場合が多い。

(2)　スランプの選定

　コンクリートの軟らかさは、単位水量を少なくできる観点から作業に適する範囲内でできるだけ小さくしなければならない。一般に、軟らかさはスランプで評価し、土木用コンクリートのスランプの標準値は構造物により異なり、示方書では**表-1.7～表-1.12**のように打込みの最小スランプの目安を示している。ここで、打込みの最小スランプとは、打込み時に円滑かつ密実に型枠内に打ち込むために必要な最小スランプのことで、経過時間に伴うスランプロスや圧送に伴うスランプロスを考慮して、製造時の目標スランプや荷卸し時の目標スランプを定めることが必要である。**表-1.13**は施工条件に応じたスランプの低下の目安を示したもので、荷卸し時のスランプの目標を定める場合に使用できる。スランプの選定は、振動機の使用の有無などを参考にして決めるのを標準とするが、最近ではポンプ工法が多くなり、ポンプ車の能力によってスランプを決定する必要も生じてきた。

　一般に、コンクリートを圧送する場合、粗骨材の最大寸法は40mm以下を標準とし、スランプは8〜18cmの範囲が適切である。なお、スランプを12cm以上とする場合は高性能AE減水剤や流動化剤などを用いて、単位水量を少なくすることが望ましい。

　スランプが小さすぎる場合、コンクリートの施工性能が低下し、締固めが不足しがちで、豆板などの欠点が生じやすい。スランプが大きすぎる場合は、それだけ余分な水とセメントを加えることになるので、コンクリートは不経済であるばかりでなく、乾燥収縮や温度応力によるひび割れが生じやすく、耐久性にも悪影響を及ぼすことになる。

表-1.7　粗骨材の最大寸法の標準値
(コンクリート標準示方書：2023年制定版を参考に作成)

構造物の種類		粗骨材の最大寸法 (mm)
鉄筋コンクリート	一般の場合	20または25 [1]
	断面の大きい場合 [2]	40 [1]
無筋コンクリート	一般の場合	40
	断面の大きい場合 [2]	部材最小寸法の 1/4 以下
舗装コンクリート		40
ダムコンクリート		80〜150
人工軽量骨材コンクリート		15

1）ただし、鉄筋コンクリートの場合は部材最小寸法の1/5を、無筋コンクリートの場合は部材最小寸法の1/4を超えない値とする。また、鉄筋の最小あきおよびかぶりの3/4を超えない値とする。
2）目安として500mm程度以上。

表-1.8　スラブ部材における打込みの最小スランプの標準 (cm)

施工条件 [1] [2]		打込みの最小スランプ (cm)
締固め作業高さ	コンクリートの打込み箇所間隔	
0.5m未満	任意の箇所から打込み可能	5
0.5m以上 1.5m以下	任意の箇所から打込み可能	7
3m以下	2〜3m	10
	3〜4m	12

1）鋼材量は100〜150kg/m³，鋼材の最小あきは100〜150mmを標準とする。鋼材の最小あきが100mm未満の場合は、打込みの最小スランプを2〜3cm程度大きくするのがよい。
2）コンクリートの落下高さは，1.5m以下を標準とする。

表-1.9　柱部材における打込みの最小スランプの標準（cm）

施工条件			打込みの最小スランプ （cm）
かぶり近傍の 有効換算鋼材量[1]	締固め作業 高さ	かぶりあるいは 軸方向鉄筋の最小あき	
700kg/m³未満	3m未満	50mm以上	5
		50mm未満	7
	3m以上 5m未満	50mm以上	7
		50mm未満	9
	5m以上	50mm以上	12
		50mm未満	15
700kg/m³以上	3m未満	50mm以上	7
		50mm未満	9
	3m以上 5m未満	50mm以上	9
		50mm未満	12
	5m以上	50mm以上	15
		50mm未満	15

1）かぶり近傍の有効換算鋼材量とは，　下図に示す領域内の単位容積あたりの鋼材量をいう。

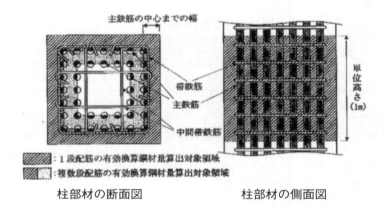

柱部材の断面図　　　　　　　　　柱部材の側面図

表-1.10　はり部材における打込みの最小スランプの標準[1]（cm）

鉄筋の最小水平あき	締固め作業高さ[2]		
	0.5m未満	0.5m以上〜1.5m未満	1.5m以上
150mm以上	5	6	8
100mm以上〜150mm未満	6	8	10
80mm以上〜100mm未満	8	10	12
60mm以上〜80mm未満	10	12	14
60mm未満	12	14	16*[2]

1）標準的な施工条件の場合には，打込みの最小スランプから定まる荷卸しの目標スランプ
　は18cmを上限とするが，特殊な施工条件の場合には，構造条件・施工条件から要求される
　ワーカビリティーが得られるように配合設計を行う。
2）0.5m未満：小ばり等，0.5m以上1.5m未満：標準的なはり部材，1.5m以上：ハンチ部・
　ディープビーム等。

表-1.11　壁部材における打込みの最小スランプの標準（cm）

鋼材量	軸方向鉄筋の最小あき	締固め作業高さ		
		3m未満	3m以上～5m未満	5m以上
200kg/m³未満	100mm以上	8	10	15
	100mm未満	10	12	15
200kg/m³以上～350kg/m³未満	100mm以上	10	12	15
	100mm未満	12	12	15
350kg/m³以上	–	15	15	15

1）標準的な施工条件の場合には，打込みの最小スランプから定まる荷卸しの目標スランプは21cmを上限とするが，特殊な施工条件の場合には，構造条件・施工条件から要求されるワーカビリティーが得られるように配合設計を行う。
2）締固め作業高さが十分に小さく(0.5m以下程度)，かつ鋼材の最小あきが大きく，容易に締固めが行えるような条件であれば，打込みの最小スランプを5cmとしてもよい。

表-1.12　PC部材における打込みの最小スランプの標準（cm）

部材	平均鉄筋量[1]	呼び強度	打込みの最小スランプ
内ケーブルを主体としたPC上部工の主桁[3]	120kg/m³未満 （RC換算[2] 250kg/m³程度未満）	36または40	7
	120kg/m³以上140kg/m³未満 （RC換算[2] 250〜300kg/m³程度未満）		9
	140kgm³以上170kg/m³未満 （RC換算[2] 300〜350kg/m³程度未満）		12
	170kg/m³以上200kg/m³未満 （RC換算[2] 350〜400kg/m³程度未満）		15
	200kg/m³以上 （RC換算[2] 400kg/m³程度以上）		個別に検討[5]
	170kg/m³未満 （RC換算[2] 350kg/m³程度未満）	50	12
	170kg/m3以上200kg/m³未満 （RC換算[2] 350〜400kg/m³程度未満）		15
	200kg/m³以上 （RC換算[2] 400kg/m³程度以上）		個別に検討[5]
T桁橋の横桁および間詰床版	–	30	7
上記以外の間詰床版	–	30	5
高密度配筋部を含む部材[4]	300kg/m³以上 （RC換算[2] 500kg/m³程度以上）	–	個別に検討[5]

1）平均鉄筋量は，1回に連続してコンクリートを打ち込む区間の鉄筋量をコンクリートの体積で除した値（PC鋼材，シース，定着具を含まない）。
2）RC換算鉄筋量は，シースの全断面を鉄筋断面として換算した場合の参考値。
3）主桁は中空床版橋上部工を含む。ただし，PRC橋はPC鋼材が少なく，鉄筋量が多いため，鉄筋量をもとに標準値を定めるのは適切でない場合が多いことから，本表の対象外とする。
4）高密度配筋部とは，斜張橋や外ケーブル構造の定着部付近等，特に鉄筋量の多い部材をいう。
5）PC橋上部工の平均鉄筋量が200kg/m³を超えることは稀であり，特殊な事例と考えられる。このような場合，施工上の特別な工夫を行う，あるいは打込みの最小スランプ15cm以上のコンクリートやスランプフロー管理を行うような流動性を有するコンクリートを使用する等の事前検討が必要な場合が多い。

表-1.13　施工条件に応じたスランプの低下の標準（cm）

圧送条件		スランプの低下量	
水平換算距離	輸送管の接続条件	打込みの最小スランプが12cm未満の場合	打込みの最小スランプが12cm以上の場合
50m未満（バケット運搬を含む）		補正なし	補正なし
50m以上150m未満	テーパ管を使用し100A（4B）以下の配管を接続	0.5〜1cm	0.5〜1cm
	上記以外	補正なし	補正なし
150m以上300m未満	テーパ管を使用し100A（4B）以下の配管を接続	1.5〜2cm	1.5cm
	上記以外	1〜1.5cm	1cm
その他特殊条件下		既往の実績や試験圧送による	

注）日平均気温が25℃ を超える場合は，上記の値に1cmを加える。
　　連続した上方，あるいは下方の圧送距離が20m以上の場合は，上記の値に1cmを加える。

⑶　水セメント比（W/C）の選定

　水セメント比は、目標とするコンクリートの強度ならびにコンクリートの耐久性・水密性などを考慮して定める。

　コンクリートの圧縮強度（f'_c）は、水セメント比の逆数であるセメント水比（C/W）と次式のような一次関数で示される。

$$f'_c = A + B\frac{C}{W}$$

　ここに、A、Bは、使用材料ごとに試験により求まる定数

　したがって、コンクリートの目標とする強度を定めるとC/Wが求まり、それを逆数にすれば水セメント比が求まる。すなわち、コンクリートの強度は通常の場合、単位セメント量や単位水量によって決まるのではなく、セメントと水の混合割合によって決まるので、セメントを多量に用いているから強度が大きいと誤解してはならない。

　目標とする強度（配合強度：$f'cr$）は、材料の品質変動や製造時のばらつきにより変動することになり、変動しても所定の強度を確保できるように割り増した値を目標とする。**図-1.6**は、一般的な変動（正規分布）に対する割り増しの考え方を示したものである。製造時の品質管理状態により、予想されるコンクリート強度の変動係数（V）が定まり、これに応じて割増し係数（α）を定め（**図-1.7**）、設計基準強度（f'_{ck}）に割増し係数（α）を乗ずることによって目標とする圧縮強度を定める。

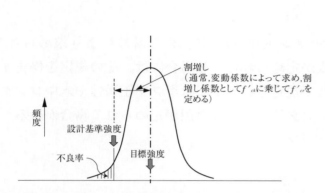

図-1.6　コンクリートの品質管理状態と強度の割増しの考え
方

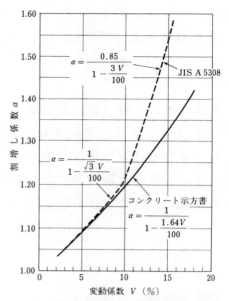

図-1.7　変動係数と割増し係数
（2017年制定コンクリート標準示方書を参照）

$$f'_{cr} = f'_{ck} \times \alpha$$

　変動係数は、製造時の管理状態により異なるが、一般的に10%以下であることが多く、デー
タのない場合にはαは1.2程度とされることが多い。

　こうして求められた水セメント比と、耐久性をもとにして定まる水セメント比、あるいはコ
ンクリート示方書に示される水密性をもとにして定まる水セメント比の限度（55%以下）など、
特記仕様による水セメント比の上限のうち、最小の水セメント比を選定する。

(4)　空気量、混和材料の選定

　コンクリート中に連行された微細気泡は、凍結融解作用を受けたときの抵抗性を向上させ、
ダムコンクリート、寒冷地のコンクリートなどではAEコンクリートを用いることを原則とし
ている。コンクリート中に連行される気泡は、空気連行剤（AE剤）により導入する。

　空気量の標準は一般に3～6%程度とされることが多いが、コンクリート中の空気量は、運
搬、締固めなどによって若干減少するのであらかじめ多めに設定（例えば、練混ぜ直後におい
て4～7%）しておくとよい。なお、凍害を受ける可能性が少なくても、連行気泡は流動性を
向上させる役目も果たし、凍害地域以外でも使用されることが多い。

1.3.3　配合計算の方法

(1)　単位水量（W）の選定

　目標スランプが定まると、そのスランプを得るのに必要な単位水量を定める。単位水量は、
粗骨材の最大寸法、骨材の粒度・粒形、混和材料の種類・使用量などによって相違するので、
試し練りによってこれを決めるが、**表-1.14**を目安にするとよい。土木学会示方書【施工編】

ではコンクリートの単位水量の推奨範囲を、粗骨材の最大寸法20～25mmの場合155～175kg／m³、粗骨材の最大寸法40mmの場合145～165kg／m³としているが、単位水量は小さい方が望ましい。

(2) 単位セメント量（C）の決定

単位セメント量は、単位水量（W）と水セメント比（C/W）から計算により求められる。ただし、単位セメント量に上限あるいは下限が定められている場合には、その規定を優先する。単位セメント量の上限は温度ひび割れに対して規定され、下限はポンプ圧送性や水中コンクリートの分離抵抗性などから規定され、マスコンクリートでは上限が定められる場合がある。

$$C=W\times\frac{C}{W}$$

(3) 単位粉体量

単位粉体量は、所定の流動性、材料分離抵抗性および圧送性などが得られるように設定する。粉体とは、セメントのほか、高炉スラグ微粉末、フライアッシュ、シリカフューム、石灰石微粉末など、セメントと同様の粉末度を持つ材料の総称で、粉体の総量がある程度ないと、材料分離を生じやすく、豆板や未充填が生じやすくなる。そのため、スランプに応じた単位粉体量の確保が必要となる。良好な充填性を確保するのには、少なくとも270kg/m³以上の単位粉体量が必要となる。

(4) 細骨材率（s/a）あるいは単位粗骨材容積（g）の決定

セメントペーストの単位量が決まり、1m³に対する粗骨材と細骨材の量を定めることが必要である。細骨材と粗骨材の全容積に対する細骨材の容積を細骨材率と呼び、この比率は、コンクリートの流動性、分離抵抗性などを考慮しながら単位水量が少なくなるように求める。

最適細骨材率は、骨材の形状・粒度、混和材料の有無などによって異なり、所要のワーカビリティーが得られる範囲内で単位水量を最小にするように試験によって定めるが、試験によらない場合は、**表-1.14**の値を参考に定めてよい。なお、細骨材率は容積比（小文字で示す）で示される。

細骨材率を小さくすると同一スランプを得るのには必要な単位水量は減り、したがって単位セメント量も少なくできるが、細骨材率を過度に小さくするとコンクリートはあらあらしく、分離しやすくなり、返って硬化後のコンクリートの品質を損ねる場合があるので注意が必要である。単位水量は混和剤で調整することが可能であり、均質なコンクリートを造るには、分離抵抗性を考慮して細骨材率を少し大きめにすることも効果的である。

細骨材率を試験で求める方法のほかに、単位粗骨材容積を先に求める配合計算方法がある。単位粗骨材容積は、生コン1m³をつくるために必要な粗骨材間の空隙も含めた粗骨材の容積である単位粗骨材かさ容積から求められる。単位粗骨材かさ容積は、細骨材の粗粒率、粗骨材の最大寸法、W/C、スランプによって推奨値が日本建築学会JASS 5で定められている。単位

表-1.14　土木用コンクリートの配合設計の参考値

粗骨材の最大寸法 (mm)	単位粗骨材かさ容積 (㎥/㎥)	AEコンクリート					
		空気量 (%)	AE剤を用いる場合		AE減水剤を用いる場合		
			細骨材率 s/a (%)	単位水量 W (kg)	細骨材率 s/a (%)	単位水量 W (kg)	
15	0.58	7.0	47	180	48	170	
20	0.62	6.0	44	175	45	165	
25	0.67	5.0	42	170	43	160	
40	0.72	4.5	39	165	40	155	

(注)　1)　水セメント比55％，スランプ約8cm，砂の粗粒率（FM）2.80，砕石使用。
　　　　2)　上記条件と相違する場合は下表で補正する。

条件の変化		s/a（%）の補正	W（kg）の補正
砂の粗粒率	0.1の増減	±0.5％	0
スランプ	1cmの増減	0	±1.2％
空気量	1％の増減	∓(0.5〜1.0)％	∓3％
水セメント比	5％の増減	±1％	0
細骨材率 s/a	1％の増減	—	±1.5kg
川砂利を用いる場合		−(3〜5)％	−(9〜15)kg
コンクリート温度	5℃の増減	0	±(2〜3)kg

　なお，単位粗骨材容積により配合設計を行う場合は，砂の粗粒率が0.1だけ大きい（小さい）ごとに単位粗骨材容積を1％だけ小さく（大きく）する。

粗骨材かさ容積は、細骨材が粗くなるほど、粗骨材の最大寸法が大きくなるほど大きくする。

(5)　骨材量の算出

　単位セメント量、単位水量、所要空気量が定まると、1m³中のこれらの容積が算定できる。次に、1000l（1m³）からこれらの容積を差し引いたものが骨材量となる。単位骨材量の絶対容積（V_A）は、次式で示される。

$$V_A = 1000 - \left(\frac{W}{\rho_W} + \frac{C}{\rho_c} + 10A \right)$$

V_A　：骨材の絶対容積（l）

W　：単位水量（kg）

C　：単位セメント量（kg）

A　：空気量（%）

ρ_W　：水の密度（g／cm³）

ρ_c　：セメントの密度（普通ポルトランドセメントの場合3.16g／cm³程度）

この骨材量を細骨材率によって細骨材と粗骨材の絶対容積に分け、それぞれに骨材の表乾密

度 ρ_S、 ρ_G を乗ずれば、 $1\,m^3$ 当りの単位細・粗骨材質量が求まる。コンクリートの配合を質量により表示するのは、各材料を質量で計量するためで、容積を単位にするのは、型枠内を満たすのには容積が必要なためである。

　以上の要領で配合設計を行うが、配合設計計算例を巻末付録に付すので参照されたい。

1.4　フレッシュコンクリートの性質

1.4.1　フレッシュコンクリートの定義

　フレッシュコンクリートは、打込みが容易で、適当な締固めによって型枠のすみずみや鉄筋の間隙に十分にゆきわたるとともに、作業中に材料の分離が少ないものでなければならない。
　「フレッシュコンクリート」という言葉は「硬化コンクリート」に対応して用いられるが、コンクリートの硬化はある時点で急に生ずるものでなく、**図-1.8**のように徐々に進むため、フレッシュコンクリートをさらに「練上りコンクリート」と「凝結過程のコンクリート」に分けることができる。この「凝結過程のコンクリート」は、広義では「硬化コンクリート」にも入る。
　フレッシュコンクリートの性質を表わすために、コンシステンシー、ワーカビリティー、プラスティシティー、フィニッシャビリティーなどの言葉が用いられる。
　コンシステンシーは、変形あるいは流動に対する抵抗性の程度で表されるフレッシュコンクリート、フレッシュモルタルまたはフレッシュペーストの性質である。
　ワーカビリティーはコンシステンシーおよび材料分離に対する抵抗性の程度によって定まるフレッシュコンクリート、フレッシュモルタルまたはフレッシュペーストの性質であって、運

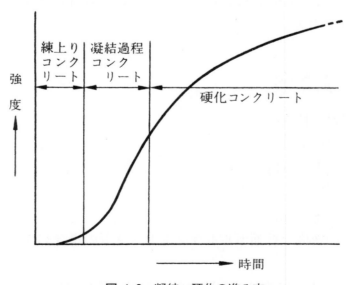

図-1.8　凝結・硬化の進み方

搬、打込み、締固め、仕上げなどの作業の容易さを表わす。

プラスティシティーは、容易に型枠に詰めることができ、型枠を取り去るとゆっくり形を変えるが、くずれたり、材料が分離したりすることのないようなフレッシュコンクリートの性質をいう。

フィニッシャビリティーは、コンクリートの打上がり面を要求された平滑さに仕上げようとする場合、その作業性の難易を示すフレッシュコンクリートの性質である。

1.4.2　ワーカビリティー

(1)　コンシステンシー

ワーカビリティーの良いコンクリートとは、適当なコンシステンシーと良好なプラスティシティーおよびフィニッシャビリティーをもつコンクリートをいう。ところが、このワーカビリティーは数値で表わすことがむずかしく、良いとか悪いとか定性的にしか表現できない。そこで、ワーカビリティーを判定するには、外力が作用したときの変形性を示すコンシステンシーと材料分離に対する抵抗性の程度によって定量化することが必要となる。材料分離に対する抵抗性を数値で表わすことは、ブリーディングを除いて困難であるため、コンクリートの動きを観察することによって判定する場合が多い。したがって、ワーカビリティーは、一定の材料分離抵抗性をもっているとの前提条件をもとにコンシステンシー試験（主にスランプ試験）によって判定されている。スランプは**表-1.8～表-1.13**に示すように、構造物の種類などによって推奨値が定められている。

なお、ワーカビリティーに影響する因子には、単位水量、単位セメント量、骨材の粒度・粒形、空気量、混和材料、温度、練混ぜ時間などがあり、これらの影響する傾向を**表-1.15**に示す。

表-1.15　ワーカビリティーとその影響因子の関係

フレッシュコンクリートの性質	影響因子	単位水量 少→多	粗粒率 小→大	粒度 粗→細	細骨材率 小→大	AE剤 小→大	減水剤 少→多	シュ量フライアッ 少→多	単位セメント量 少→多	温度 低→高	練混ぜ時間 短→長	運搬時間 短→長
ワーカビリティー	スランプ	↗	↗		∧	↗	↗	↗	↘	↘	∧	↘
材料分離	粗骨材の分離	∨			↘	↘		↘	↘			↗
	ブリーディング	↗	↗		↘	↘	↘	↘	↘	↘	↘	↘
	プラスティシティー	∧	↘		↗	↗	↗	↗	↗		↗	∧
	フィニッシャビリティー	∧	↘	↗	↗	↗	↗	↗				

(2) 材料分離抵抗性

　コンクリートは、十分な練混ぜを行うと各材料がほぼ均一に分布するが、運搬、打込み、締固めなどにより不均一になる場合がある。たとえば、高所から落下させたコンクリートは下方に行くほど各材料間の距離が広がり、静止するときも各材料によって止まり方が異なるため、材料分離が生じる。また、バイブレータをかけすぎても、各材料の密度差により分離が起こる。このような分離を起こさせる作用は主として粒子の慣性力の差であり、分離を抑える作用は粒子の粘着力である。したがって、粗骨材の最大寸法が大きいほど、またコンクリートのスランプが大きいほど、材料分離が生じやすいことになる。

　コンクリートは打込み後も材料分離を起こすが、その主なものに、水がコンクリート表面に遊離するブリーディング現象がある。ブリーディングの性状は、コンクリートの凝結・硬化速度とも関連する。

(3) ブリーディングと沈下（沈降）

　コンクリートは、打込み後固体粒子が沈降し水分が上昇して、コンクリート表面の沈下とブリーディングを生じる。コンクリート表面からの水の蒸発がなければ、沈下量とブリーディング量はほぼ等しくなるが、一般には沈下量よりブリーディング量のほうが少ない。そしてブリーディング速度がコンクリート表面からの水の蒸発速度よりも小さいとブリーディングは認められなくなる。

　ブリーディングは、一般にコンクリートの単位水量が多いほど、モルタルの保水性が小さいほど、セメントペーストの凝結が遅いほど多くなる。

　ブリーディング量が多いと、骨材や水平鉄筋の下側などに水膜をつくり、コンクリートの硬化後、水隙あるいは空隙となり、コンクリートの諸性質、とくに水密性を低下させる。また、ブリーディング水が上昇することによって図-1.9のように上層のコンクリートは水セメント比が大きくなり、下層のコンクリートより品質が悪くなることもある。なお、ブリーディング水とともに微粒分が浮かび出てコンクリート上部に堆積したものをレイタンスといい、レイタ

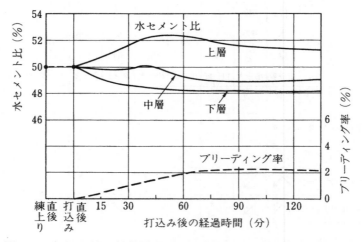

図-1.9　打込み後の部材断面上下の水セメント比の変化の概念

ンスは粒子間の結合力がきわめて小さいので、打継ぎの際には必ず除去する必要がある。

1.4.3　凝結過程の性質

(1)　凝結と硬化

　練混ぜ後、コンクリートが徐々に流動性を失って固体へと移行する過程を凝結といい、固化した後の強度増加の過程を硬化という。

　コンクリートの凝結はスライディング型枠の移動時期、コンクリートを一体とするための打重ねの許容時間、再振動締固めの可能な時間などを判定するために意義をもつもので、種々の方法、提案があり、一義的に定められていない。

　コンクリートは、セメントが水和してゆくことによって水和物の網目構造が徐々に緻密化し、硬化してゆく。このようにして練混ぜ後数時間でコンクリートの圧縮強度は発現しはじめ、圧縮強度1.0N/mm²程度までは時間の経過に伴い強度の増加率が増大する。この過程における材齢と強度の関係を図-1.10に示す。これらの関係は、養生温度、水セメント比、スランプなどによりこう配と立上り時間（強度発現開始時間）が若干異なる。

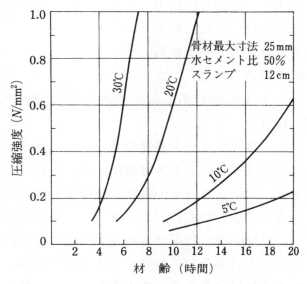

図-1.10　若材齢時におけるコンクリートの強度発現

(2)　コンクリートの凝結

　コンクリートの凝結の程度を知るには、圧縮強度による方法、プロクター貫入抵抗値による方法、超音波伝播速度による方法などがある。

　プロクター貫入抵抗試験は、コンクリートの凝結時間を判定する方法としてJIS A 1147「コンクリートの凝結時間試験方法」で規定されている。この方法はコンクリートからふるいとったモルタルにプロクター針を1インチの深さまで貫入するときの抵抗力によって、凝結の程度を判定するものである。貫入抵抗値3.5N/mm²を凝結始発とし、28.0N/mm²を凝結終結としている。この方法による始発の3.5N/mm²のかたさは、コンクリートに振動を与えてももはやプラスティックな状態にならない再振動限界を示すものである。

　しかし、凝結の定義は、はっきりと定められておらず、圧縮強度で0.01～0.02N/mm²を凝結始発、0.06N/mm²程度を凝結終結、0.1～0.2N/mm²を再振動限界とするものなど、種々の考え方や提案がある。

　打重ねの許容限界の評価は、コンクリートの種類や環境条件によって異なるが、0.01～0.02N/mm²の範囲とされている。

⑶ 型枠に作用する側圧について

　型枠内に打ち込まれたコンクリートは、流動性がある間は型枠に対して液体のようにして圧力を加える。したがって打上り速度が速いと、側圧は、コンクリート上面からの深さにほぼ比例して直線分布する。しかし、打上り速度が遅いと先に打ち込んだコンクリートから凝結を始めるため、コン

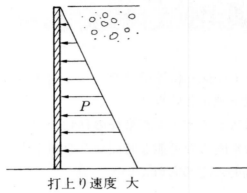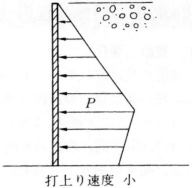

図-1.11　打上り速度と側圧分布

クリート上部からある深さの点に最大側圧を生じ、それから下方では側圧はやや減少する（図-1.11）。

　また、コンクリート温度が高いほどコンクリートの凝結が早まり、側圧の最大値が小さくなり、逆に温度が低いときは側圧が大きくなるので注意が必要である。その他の側圧に影響する因子は、コンクリートの密度、鉄筋量と鉄筋の配置、環境温度、型枠の断面積、型枠の滑らかさと透水性などがある。コンクリートの単位容積質量を除いて通常これらの値は比較的小さいので、型枠の設計に用いる側圧の算定にはこれらを考慮しないことが多い。しかし、軟練りコンクリートの場合、再振動を行う場合、型枠バイブレータを用いる場合、凝結遅延剤や凝結遅延性のある混和剤を用いる場合などには、側圧を適当に割増して考えておく必要がある。

　型枠の設計に用いる側圧の値は、コンクリート示方書解説に図-1.12、図-1.13のように示されているので、参照すると良い。

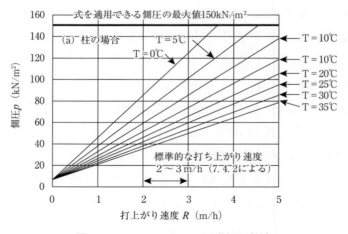

図-1.12　コンクリートの側圧（柱）

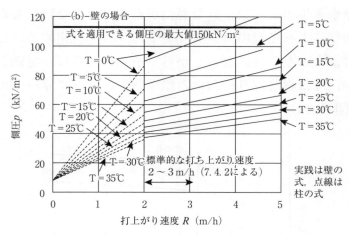

図-1.13　コンクリートの側圧（壁）

側圧の計算式
（土木学会コンクリート標準示方書2023年制定版）

① 柱の場合
$$p = W_c \left\{ 1 + 100R \,/\, (T + 20) \right\} \,/\, 3 \leq 150$$

② 壁の場合
（ⅰ）　$R \geq 2\,\mathrm{m}\,/\,\mathrm{h}$
$$p = W_c \left\{ (1 + (150 + 30R) \,/\, (T + 20) \right\} \,/\, 3 \leq 100$$
（ⅱ）　$R \geq 2\,\mathrm{m}\,/\,\mathrm{h}$
　　　柱と同じ式を用いてもよい。
ここに，p：側圧（kN/m²），ただし，$p > p_w$と計算された
場合には，$p = p_w$とする。
　　　　p_w：液圧（kN/m²）
　　　　W_c：コンクリートの単位体積重量（23.5kN/m³）
　　　　R ：打ち上がり速度（m/h）
　　　　T ：型枠内のコンクリート温度（℃）

1.5　硬化コンクリートの性質

1.5.1　コンクリートの強度と変形特性

　コンクリートの強度は一般に圧縮強度で示される。それは、コンクリートが主として圧縮材として用いられ、圧縮強度がそれ以外の諸強度や弾性係数などの変形特性と密接な関係をもつからである。さらに圧縮強度はその測定方法が簡単であるため、コンクリートの力学特性を代表するものとしてとくに重要視される。

(1)　構造物中のコンクリートの強度と標準養生コンクリートの強度
　構造物の設計に用いられる設計基準強度は、一般に養生温度を20±2℃とし、水中または湿潤な雰囲気中（相対湿度95％以上）で保管し、材齢28日における圧縮強度を基準とする。コンクリートの品質はこの値で代表される。

実際の構造物は、標準養生のような十分な養生がなされていないにもかかわらず、標準養生したコンクリートの強度によって現場コンクリートの品質を判定する。これは、設計荷重が作用する時期が材齢28日よりかなり後になってからであり、さらに、材齢3か月程度の現場養生コンクリートの強度が、ほぼ材齢28日における標準養生のコンクリートの強度に相当するという理由からである。（**図-1.14**）

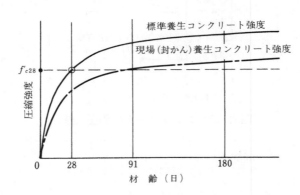

図-1.14　標準養生コンクリート強度と現場（封かん）養生コンクリート強度

(2)　配合と圧縮強度

　コンクリートの配合と強度の関係については、最大密度説、セメント水比説、空隙説、表面積説などの種々の説が発表されているが、現在最も広く用いられているのはセメント水比説である。すなわち、コンクリートの圧縮強度はセメント水比とほぼ直線関係にあり、次式の関係が成り立つ。

$$f'_c = A + B \frac{C}{W}$$

　ここに、$\frac{C}{W}$ はセメント水比で、A、Bは材料により異なり、試験により求める定数

(3)　施工方法と圧縮強度

　締固めと打込み後の養生はコンクリートの品質に大きな影響を与える。振動締固めを行うと内部の空隙が減少し、硬練りコンクリートでは締固めにより30%以上も強度が増加する場合がある。しかし、軟らかいコンクリートに振動をかけすぎると材料の分離が著しくなるので注意を要する。

　湿潤養生を持続すれば、コンクリートの圧縮強度は**図-1.15**のように材齢とともに増加する。しかし、乾燥させると一時的に強度が増すが、その後の強度増加は少なくなる。また、養生温度が高いほど初期材齢の強度が大きくなるが、逆に長期的には小さくなる傾向がある（**図-1.16**）。したがって、必要以上に養生温度を高くすることは避けるべきである。

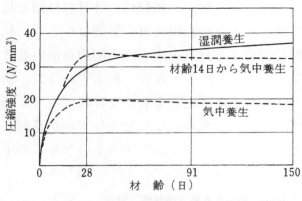

図-1.15　コンクリート強度に及ぼす乾燥の影響

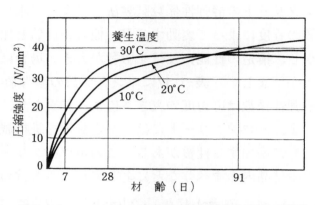

図-1.16　コンクリート強度に及ぼす養生温度の影響

⑷　圧縮強度とその他の強度

コンクリートの諸強度にはある程度の相関性がある。

引張強度は圧縮強度の約1/10〜1/13、曲げ強度は圧縮強度の約1/5〜1/7、せん断強度は圧縮強度の約1/4〜1/6である。土木学会コンクリート標準示方書［設計編］では、圧縮強度から、各種強度を推定するための式を以下のように提案している（**表-1.16**参照）。

表-1.16　各種強度の推定式

各種強度	推定式	備考
引張強度	$f_{tk} = 0.23\,f'_{ck}{}^{2/3}$	f'_{ck}：圧縮強度の特性値
付着強度	$f_{bok} = 0.28\ f'_{ck}{}^{2/3}$	$f_{bok} \leq 4.2$　N/mm²
支圧強度	$f'_{ak} = \eta \cdot f'_{ck}$	$\eta = \sqrt{A/Aa} \leq 2$ A：コンクリート面の支圧分布面積 Aa：支圧を受ける面積

⑸　変形特性

コンクリートに外力が作用すると、その外力の大きさに応じてコンクリートは変形する。コンクリートは完全な弾性体でないから、応力とひずみの関係は**図-1.17**のような曲線となる。この関係において、ひずみに対する応力を弾性係数と呼び、弾性係数には**図-1.17**に示すような、初期弾性係数Ei（tanα₀）、接線弾性係数Er（tanα r）、割線弾性係数Ec（tanα s）が定義されている。コンクリートの強度の1/3の応力度におけるひずみを原点と結んだ勾配をヤング係数と呼び、この値は、コンクリートの変形特性として設計に用いられる。

コンクリートのヤング係数は、原則としてJIS A 1149「コ

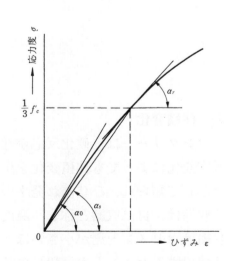

図-1.17　コンクリートの応力とひずみの関係と弾性係数の定義

ンクリートの静弾性係数試験法」によって求めるものとする。ヤング係数は、骨材の種類と品質の程度によって変動するが、他の特性値と比べて構造物の安全性に及ぼす影響は小さい。しかし、構造の性能に及ぼす影響が大きい場合は実験に使用する材料を用いた実測値を用いることが望ましい。**表-1.17**にヤング係数の参考値（コンクリート標準示方書）を示す。なお、割線弾性係数は応力度の大きさによって異なり、ヤング係数とは区別しておかなければならない。

また、コンクリートには、一定荷重を維持載荷すると応力が変わらなくともひずみが時間とともに増加する性質がある。この現象をクリープというが、クリープはセメントのゲル水の圧出や結晶内のすべりなどによって起こると言われている。

表-1.17 コンクリートのヤング係数（コンクリート標準示方書［設計編］解説）

f'_{ck} (N/mm²)		18	24	30	40	50	60	70	80
E_c (kN/mm²)	普通コンクリート	22	25	28	31	33	35	37	38
	軽量骨材コンクリート*	13	15	16	19	—	—	—	—

* 骨材の全部を軽量骨材とした場合

1.5.2 コンクリートの物理的性質

(1) 密度

コンクリートの密度は、強度特性、熱的性質、音響特性などと密接な関係があり、コンクリートの品質を判定するための一つの有力な指標である。**図-1.18**にコンクリートの気乾密度と圧縮強度の関係を示す。

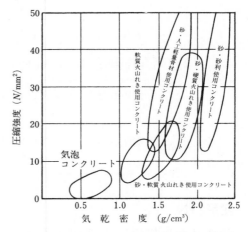

図-1.18 コンクリートの気乾密度と圧縮強度

(2) 体積変化

コンクリートは、硬化反応が進むにつれ体積変化を生ずる。また、内部の水分が逸散したり、温度変化によっても体積変化を生ずる。とくに、水分の逸散によって生ずる体積変化は乾燥収縮として知られ、ひび割れ発生の要因の一つとされている。セメントの水和の進行により生じる収縮は、自己収縮と称し、温度変化、外力や水分の逸散などによる収縮と区分される。自己収縮は水セメント比が小さいほど大きく、これがひび割れの一因となることがある。この傾向は使用するセメントや混和材の種類や温度によっても相違するが、高強度コンクリートのように水セメント比が小さい場合は自己収縮を小さくする配慮が必要である。**図-1.19**にコンクリ

ートの収縮の概念を、**表-1.18**および**図-1.20**にコンクリートの自己収縮ひずみの参考値、各種セメントを用いた高強度コンクリートの自己収縮ひずみを示す。

　コンクリートの乾燥収縮は初期に大きく進行し、時間の経過とともに次第にゆるやかになる。収縮量は材齢１年で最終収縮量の80％以上になるといわれているが、その値は気乾状態まで乾燥させた場合４～８×10^{-4}程度のひずみ量となる。

　乾燥収縮率（ひずみ）はセメントの種類、骨材および含有塩分量などの影響も受けるが、**図-1.21**に示すように、単位水量に最も大きく影響される。

　コンクリートは温度変化によっても体積変化を生ずる。コンクリートの熱膨張係数は、６～13×10^{-6}／℃で、骨材の岩質によって若干異なる。

　なお、鉄筋とコンクリートの熱膨張係数はだいたい同じであるため、鉄筋コンクリートが温度変化を受けても一体となって収縮するので、鉄筋コンクリートが成り立つのである。

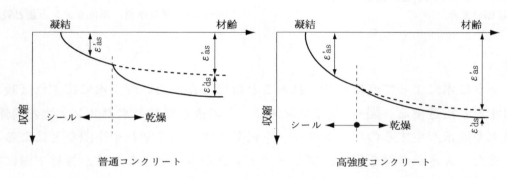

ε'as：自己収縮ひずみ　　ε'ds：乾燥収縮ひずみ

図-1.19　コンクリートの収縮

表-1.18　コンクリートの自己収縮の参考値

水セメント比	材　　齢*（日）					
（%）	1	3	7	14	28	90
50	0	30	80	90	100	120
40	0	70	100	110	120	170
30	50	100	170	210	250	280
20	100	320	360	380	400	470

＊　凝結時を原点とする

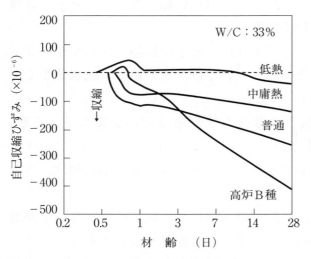

図-1.20　各種セメントを用いた高強度コンクリートの
　　　　自己収縮ひずみ

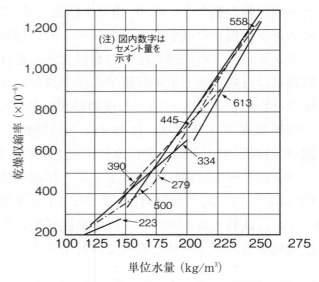

図-1.21　単位水量、単位セメント量と乾燥収縮

(3)　水密性

　コンクリートは水によって直接侵食されることはほとんどないが、水に接すれば吸水し、圧力水が作用すると浸透する。**図-1.22**にコンクリートの透水係数と水セメント比の関係を示す。しかし、吸水や透水が生ずるのはコンクリートに発生するひび割れや空隙などによることのほうが多い。また、大きな骨材を用い、ブリーディングが多いときなどは、骨材下面に空隙ができ、水密性を低下させる。

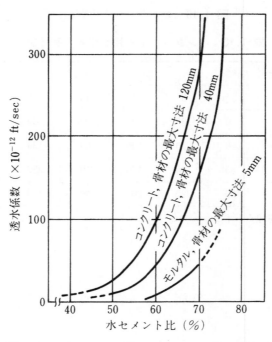

図-1.22　水セメント比とコンクリートの透水係数

(4)　耐火性

　コンクリートは、建設材料の中で最も耐火的な材料であるが、長時間高温にさらされると、コンクリートの強度やヤング係数、鉄筋のヤング係数および降状点、コンクリートと鉄筋の付着力などの低下が起こる。

　普通のコンクリートでは300〜350℃以上になると強度低下が生じ、500℃では常温の強度の約50％程度まで低下する。コンクリートの耐久性はコンクリートの配合にも影響されるが、骨材の性質に大きく左右される。

1.6　コンクリートの耐久性

1.6.1　コンクリート構造物の劣化現象

　コンクリートに対する凍結融解の繰返し、乾湿の繰返し、中性化などの気象作用や、海水、化学薬品、電流の作用などの影響は、コンクリート構造物の性能を損なうことになる。

　様々な要因により、コンクリート自体が劣化したり、コンクリート中の鋼材を腐食させることによって構造物が劣化する。したがって劣化を生じさせる環境条件を事前に想定し、劣化の程度を設計時の供用期間中に許容されるレベル以下に抑えるように設計する必要がある。

1.6.2　海水の作用による劣化とその対策

　海洋環境において供用されるコンクリートは、**図-1.23**に示すように感潮帯あるいは海面下にあって海水の作用を受ける部分だけでなく、とくに飛沫帯においては、潮の干満、波しぶきによる乾湿のくり返しを受け、コンクリート中の鋼材腐食、凍害、化学的浸食などを生じやすい。また、陸上部分あるいは海上大気中においては、波浪や潮風の作用を受ける。このとき、品質の悪いコンクリートは、海水に含まれる塩化マグネシウム、硫酸マグネシウム、重炭酸アンチモンなどの作用によって化学的に害を受ける。海水位付近のコンクリートは、これらの化学的作用のほかに凍結融解あるいは乾湿の繰返し、波浪による侵食作用などにより劣化を生じやすい。また、コンクリート中の鉄筋は、侵入した塩化物イオンによって**図-1.24**に示すように発錆し、鉄筋の腐食膨張によってコンクリート構造物は、かぶりがはく落したり、耐力低下を生じ、構造物としての機能をもたなくなる。そのため、その構造物のおかれる環境条件に応じた材料、配合、設計、施工上の配慮が必要である。海洋コンクリート構造物に使用する材料は、海水の作用に対して耐久的で、かつ、強度および水密性の大きいコンクリートを造ることができるよう、以下に示すような材料面および配合面と設計・施工上の配慮が必要である。

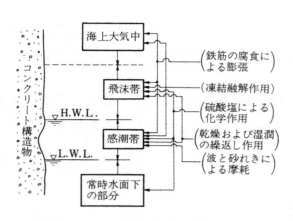

図-1.23 構造物の位置と侵食要因

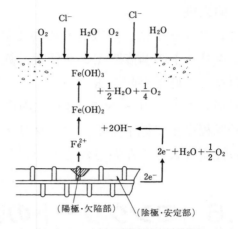

図-1.24 鉄筋の腐食反応機構

(1) 海水作用に対し、抵抗性のあるセメントを使用する。

　海水の作用に対して抵抗性の高いセメントは、高炉セメント、中庸熱ポルトランドセメント、フライアッシュセメント、耐硫酸塩セメントである。これらのセメントは耐海水性のほか、長期材齢において強度発現が期待できること、水和熱が少ないことなどの利点があるので、海洋コンクリートに用いることが望ましい。しかし、初期強度が低いので、これらのセメントを用いる場合には強度が十分発現されるように初期に十分な湿潤養生を行うことが大切である。

(2) 良質の混和材料を使用する。

　良質のAE剤、AE減水剤または高性能AE減水剤などを用いれば、単位水量が低減でき、ブリーディングなどの材料分離も少なくなるので、均質なコンクリートが施工でき、結果的に耐久性および水密性の高いコンクリートが得られる。そのため、激しい気象作用を受ける海洋コンクリートには、これらの良質な混和剤の使用が望ましい。

　良質の混和材を使用したコンクリートは、水密性が向上し、海水の作用に対する抵抗性が向上する。良質のフライアッシュや高炉スラグ微粉末を用いるとよい。

(3) 良質の骨材を使用する。

　砕けやすいもの、節理のあるもの、強度の小さいもの、吸水率の大きいもの、膨潤性のあるもの等は、耐久性が劣るので骨材としては不適当である。

　アルカリ骨材反応は海水中のアルカリイオンにより促進される場合があるので、アルカリ骨材反応を生ずる可能性がある骨材は海洋コンクリートに使用しない方がよい。

(4) 腐食しにくい鉄筋を使用する。

　外部からの塩化物イオンの侵入によって鉄筋は腐食しやすくなるため、これをあらかじめ錆びにくくしておく方法がある。エポキシ樹脂塗装鉄筋や、亜鉛めっき鉄筋あるいは耐塩性鉄筋などがあるが、まだ十分な評価がなされていないものもあり、使用にあたっては、その効果を確認しておく必要がある。

(5)　水セメント比を小さくする。

　海洋コンクリートでは、一般のコンクリートに比較して、過酷な条件に対する耐久性をもつように、水セメント比を小さくする。

(6)　単位セメント量を多くする。

　単位セメント量を多くすれば、コンクリートは密実となりやすく、海水中に含まれる塩類による化学的侵食や、コンクリート中の鋼材の腐食に対する抵抗性が増す。

　そのため、海洋コンクリートの耐久性から定まる単位セメント量は多い方が望ましいが、単位セメント量をあまり多くすると部材の厚い構造物では、水和熱による温度ひび割れが発生する可能性が高くなるので、このような場合は、低発熱性のセメントを用いるか、セメントの一部にフライアッシュや粉末度の低い高炉スラグ微粉末を用いるなどして、水和熱を抑制するなどの配慮が必要である。

(7)　適切な空気量とする。

　海水中の塩化物の作用を受けると、コンクリートは耐凍害性を減ずるので、海洋コンクリートはその置かれている環境条件に応じて空気量を若干大きく設定することが望ましい。

(8)　適切なかぶりを確保する。

　海水によるコンクリートの劣化は表面から次第に進行するので、かぶりを大きくすれば、耐久性は向上する。所要のかぶりを確保するための型枠に接するスペーサは、本体コンクリートと同時以上の品質を有するコンクリート製またはモルタル製のものを使用する。

(9)　打継目をできるだけ避ける。

　打継目は弱点となりやすいので、劣化を生じやすい部位にはできるだけ造らないようにする。やむをえず打継目を設ける場合には、最高潮位から上60cmと最低潮位から下60cmとの間の感潮部分には設けないように計画する。

(10)　十分な養生を行う。

　コンクリートが十分な強度を発現していない時期に海水に接すると、モルタル分の流失や、化学的侵食などの被害を受ける恐れがあるので、海水に接する前に十分な養生を行う。この時期の目安は普通ポルトランドセメントを用いた場合で5日間である。

　なお、コンクリートを養生後に空気中に放置すると、コンクリート表面に炭酸石灰の被膜が生じ、海水の作用に対する抵抗性が増大するので、一定期間空気にさらしてから海水に接触させるとよい。

1.6.3 塩化物イオンによる劣化と対策

　海水の作用を受ける場合以外にも、塩化物イオンによる影響で劣化する場合がある。例えば、凍結する地域では、交通の安全のため融雪剤（塩化カルシウムなど）や凍結防止剤（塩化ナトリウムなど）を道路に撒くことがあるが、融雪剤や凍結防止剤の含有する塩化物イオンは、凍害を早めたり、鉄筋コンクリート中の鋼材の腐食を早める。

　また、骨材に海砂を用いると、海砂中には$NaCl$や$MgCl_2$などの塩化物が含まれており、これらの塩化物はコンクリート中の鋼材の腐食を促進し、コンクリート構造物を劣化に導く。これらの作用に対する抵抗性を向上させるためには、かぶり厚さを大きく、コンクリートの水セメント比を小さくし、水密性の高いコンクリートを入念に施工することが大切である。そのため、コンクリート示方書、JASS 5、JIS A 5308などでは、海砂中の塩化物量の規制を行ってきた。しかしながら、近年、沿岸地域のコンクリート構造物の劣化事例が多く報告され（**写真-1.1～1.3**）、これらのほとんどが塩化物による被害であることが明らかになった。これに対し建設省（現国土交通省）は昭和60年度より総合技術開発プロジェクト「コンクリートの耐久性向上技術の開発」を実施し、コンクリート中に含まれる塩化物含有量の総量規制を行った。

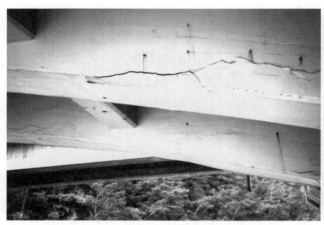

写真-1.1　塩害による橋桁のひび割れ

写真-1.2　塩害による鉄筋のかぶり破損

写真-1.3　塩害と凍害および波浪による劣化

　表-1.19に塩化物に関する規制の推移を、表-1.20に土木構造物に対する建設省（現国土交通省）通達「コンクリート中の塩化物総量規制基準」を示す。

表-1.19　塩化物に関する規準の推移

	土木		建築
昭和49年	日本コンクリート会議（現（社）日本コンクリート工学協会）「海砂に関する調査研究委員会」の報告書では塩化物含有量の限度は，設計・施工全般にわたって何らかの措置を講ずることを条件として，砂の絶乾重量に対し，NaCl換算で0.1％とするとしている。	昭和32年	JASS 5では，細骨材に塩分が含まれているおそれのある場合は，その許容限度は細骨材の絶乾重量に対して0.01％（NaClとして）としている。
	土木学会・コンクリート標準示方書解説では，一般の鉄筋コンクリート構造物に用いるコンクリートで海砂に含まれる塩化物の許容限度の標準は海砂の絶乾重量に対し，NaClに換算して0.1％とするとしている。	昭和49年	日本コンクリート会議（現（社）日本コンクリート工学協会）「海砂に関する調査研究委員会」の報告書（土木）に同じ
昭和53年	土木学会・コンクリート標準示方書解説では，プレテンション部材あるいはポストテンション部材のPCグラウトには砂の絶乾重量に対し，0.03％以下（NaCl換算），その他の場合には，セメント重量の0.1％に相当する量以下としている。	昭和50年	JASS 5では，砂の塩分の許容限度を0.1％に引き上げ，0.02％を超える場合は，鉄筋の防錆上有効な措置を講ずるものとしている。
	建設省技術調査室長通達「土木工事に係るコンクリート細骨材としての海砂の使用について」では，シース内グラウトおよびプレテン部材に対し，納骨材の絶乾重量に対して NaCl換算で0.03％としている。	昭和52年	建設省住宅局建築指導課通達では，鉄筋コンクリートに用いる細骨材に対し細骨材の絶乾重量に対する塩分（NaCl換算）の含有量を0.04％以下とし，0.04％を超え0.1％以下の細骨材を用いる場合には，指定の措置を講ずるものとしている。
	JIS A 5308レディーミクストコンクリートでは，土木用骨材に対する納骨材に含まれる塩分の許容限度は原則として細骨材の絶乾重量に対して NaClに換算して0.1％以下とする。	昭和53年	JIS A 5308レディーミクストコンクリートでは，建築用骨材に対する細骨材に含まれる塩分の許容限度は0.04％（NaCl換算）以下とし，0.04％を超えるものについては購入者の承認を得るものとしている。
昭和61年	建設省より，コンクリート中の塩化物総量規制基準（土木構造物）を通達し，昭和62年4月1日より実施。	昭和54年	JASS 5では，措置の不要な砂の塩分許容値を0.04％としている。
	JIS A 5308，土木学会コンクリート標準示方書においても建設省通達とほぼ同様の規制値を規定。		（社）建築研究振興協会「海砂使用上の技術基準に関する研究」ではコンクリート中の塩分含有量規定値を提案する動きが見られたが，コンクリート中の塩分量測定器などの問題から，基準化には至らなかった。
		昭和61年	建設省より，コンクリート中の塩化物総量規制基準（建築物）を通達し，昭和62年4月1日より実施。
			JIS A 5388，建築学会　JASS 5においても建設省通達とほぼ同様の規制値を規定。
平成3年	土木学会コンクリート標準示方書［施工編］の条文に練り混ぜ時におけるコンクリート中の全塩化物イオン量が原則0.30kg/m³以下とするよう規定。解説中に，場合によって0.60kg/m³としてよいと記述。		
平成8年	JIS A 5308において，「塩素イオン」の用語が「塩化物イオン」と改正。	平成8年	JIS A 5308において，「塩素イオン」の用語が「塩化物イオン」と改正。

表-1.20　コンクリート中の塩化物イオン総量規制基準

1．適用範囲
　　建設省が建設する土木構造物に使用されるコンクリートおよびグラウトに適用する。ただし，仮設構造物のように長期の耐久性を期待しなくてもよい場合は除く。
2．塩化物量規制値
　　フレッシュコンクリート中の塩化物量については，次のとおりとする。
（1）　鉄筋コンクリート部材，ポストテンション方式のプレストレストコンクリート部材（シース内のグラウトを除く）および用心鉄筋を有する無筋コンクリート部材における許容塩化物量は，0.60 kg/m³（Cl^-重量）とする。
（2）　プレテンション方式のプレストレストコンクリート部材，シース内のグラウトおよびオートクレーブ養生を行う製品における許容塩化物量は0.30 kg/m³（Cl^-重量）とする。
（3）　アルミナセメントを用いる場合，電食のおそれのある場合等は，試験結果等から適宜定めるものとし，特に資料の無い場合は，0.30kg/m³（Cl^-重量）とする。
3．測定
　　塩化物量の測定は，コンクリートの打設前あるいは，グラウトの注入前に行うものとする。

1.6.4　凍結融解作用による劣化（凍害）とその対策

　コンクリートが凍結すると、コンクリート中に含まれている水が凍結し、その水圧のためコンクリート組織に微細なひび割れが入る。凍結と融解が繰り返されることによって、そのひび割れは次第に大きくなり、ついには破壊に至ることもある（**写真-1.4**）。

　凍結融解に対する抵抗性を増大させるには、水セメント比を小さくし、緻密なコンクリートをつくればよい。また、AE剤を混和して空気量を増すと、微細な独立気泡の氷圧緩和作用によって凍結融解作用に対する抵抗性が向上する。**図-1.25**はコンクリート中の空気量と耐久性指数の関係を示すものであるが、空気量が3％以上になると凍結融解作用に対する抵抗性は著しく向上することを示している。そのため、通常のコンクリートは、3％以上の空気量が混入

写真-1.4　凍結融解作用によるコンクリートの劣化

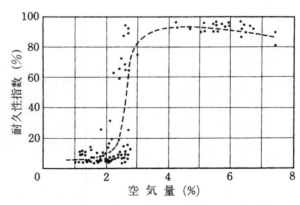

図-1.25　コンクリートの空気量と耐久性指数
（耐久性指数：耐凍害性の指標）

されるように配合計画を立てて管理される。なお、寒冷地においては若干多目にするとよい。

1.6.5　中性化による劣化とその対策

コンクリートは、空気中の炭酸ガスに触れると、徐々に水酸化カルシウムから炭酸カルシウムに変質する。

$$Ca(OH)_2 + CO_2 \rightarrow CaCO_0 + H_2O$$

この反応は、コンクリートのアルカリ性を減少させ、コンクリート中の鉄筋をさびやすい状態とする。中性化は、CO_2の存在で時間の経過に伴い表面から内部に進行し、**図-1.26**のような関係がある。

コンクリートの中性化に及ぼす主な要因は、水セメント比と環境条件で、水セメント比が大きいほど、相対湿度が50−60%に近いほど、空気中の炭酸ガスの濃度が高いほど、また、温度が高いほど中性化は速くなる。したがって、中性化作用に対する抵抗性を向上させるには、水セメント比は小さいコンクリートとするか、かぶり厚さを大きくするとよい。

写真-1.5は施工時にかぶりが小さくなってしまい、早期に腐食を生じた事例である。中性化の速度は精度高く予測できるので、設定された供用年数に応じて設計し、設計どおりに施工を行うと問題となることは少ない。

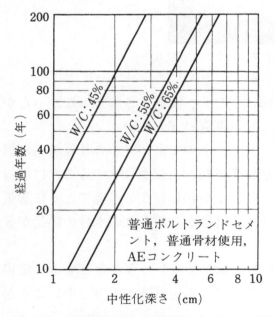

図-1.26　中性化深さと経過年数（JASS5より）

写真-1.5　かぶり不足による鉄筋の腐蝕劣化

1.6.6　アルカリシリカ反応による劣化とその対策

アルカリシリカ反応によるコンクリート構造物の劣化現象は古くから知られており、1930年代に米国で初めて注目され、1940年にはStantonによって、これが高いアルカリのセメントと骨材の化学反応によるものであることが報告された。

写真-1.6　アルカリ骨材反応による防波堤のひび割れ

写真-1.7　アルカリ骨材反応による橋脚のひび割れ

写真-1.8　アルカリ骨材反応による消波ブロックのひび割れ

　我が国においては、一部報告があるもののその被害例は少なく、問題とされていなかったが、1980年代に入って関西地方を中心にその被害が顕在化した（**写真-1.6～1.8**）。

　アルカリシリカ反応は、骨材中の反応性シリカがコンクリート中で高いアルカリ環境下に置かれた時に生ずる膨張反応で、骨材表面にシリカゲルが生成され、これが吸水することによって膨張する。すなわち、高いアルカリと水分が必須であり、かつ40℃程度の温度でとくに膨張反応が促進されることから、高温多湿の夏期に反応が進み、外部から雨などの水分の供給が多い土木構造物にその被害が多い。

　アルカリシリカ反応を抑制するには原則として**図-1.27**に示す対策を行うこととする。使用骨材が反応性の骨材であってもよいことを前提にしているのは、判定試験が確実でないことと、資源を有効に利用する配慮による。

⑴　コンクリート中のアルカリ総量の抑制

　コンクリート中の総アルカリ量Na_2O換算は、下式⑴によって計算され、3.0kg／m³以下にする。ただし、JIS A 6204に規定される混和剤だけを用いる場合のアルカリ総量は、下式⑵によってセメントによるものだけを計算し、2.5kg／m³以下にしてもよい。なお、セメント中のアルカリ量は試験成績表に表示されている。試験成績表に示されたセメントの全アルカリ量の最

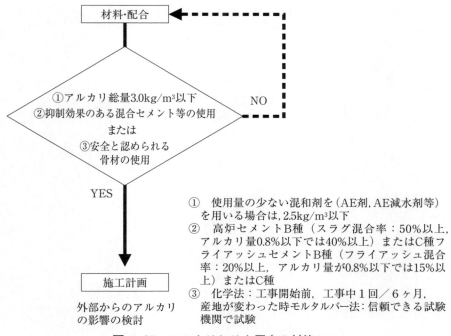

図-1.27　アルカリシリカ反応の対策フロー

大値のうち直近6ヶ月の最大の値（Na₂O換算値%）／100×単位セメント量（配合表に示された値kg／m³）＋0.53×（骨材中のNaCl%）／100×（単位骨材量kg／m³）＋混和剤中のアルカリ量kg／m³が3.0kg／m³以下であることを計算で確かめるものとする。

　ただし、この対策は外部からアルカリが供給されることは想定していないため、海水または潮風の影響を著しく受ける海岸付近において供用される構造物や凍結防止剤や融雪剤をまかれる構造物で、アルカリシリカ反応による損傷が構造物の安全性に重大な影響を及ぼすと考えられる場合には、アルカリイオンの外部からの浸入を防止できる塗膜などの措置を講ずることが望ましい。

(2) 抑制効果のある混合セメント等の使用

　JIS R 5211高炉セメントに適合する高炉セメント（B種またはC種）あるいは、JIS R 5213フライアッシュセメントに適合するフライアッシュセメント（B種またはC種）、もしくは混和材を混合したセメントでアルカリシリカ反応抑制効果の確認されたものを使用する。

(3) 安全と認められる骨材の使用

　骨材のアルカリシリカ反応性試験（化学法またはモルタルバー法）の結果で無害と確認された骨材を使用する。ここで、骨材のアルカリシリカ反応性試験は、JIS A 1145骨材のアルカリシリカ反応性試験方法（化学法）またはJIS A 1146骨材のアルカリシリカ反応性試験方法（モルタルバー法）とする。なお、化学法で「無害でない」と判定された場合に、モルタルバー法で「無害」と判定されると、その骨材は無害となり、使用可能となるが、遅れて反応した実例があり、(2)の対策が望ましい。

第2章

コンクリート構造物の設計・性能照査・検査・維持管理

2.1 構造物の設計の基本

社会資本を構成する構造物にはそれぞれ役割があり、構造物はそれぞれの使用目的に応じて設計がなされる。構造物の要件は、単に構造安全性を目的にするだけでなく、使用目的に適した機能のほか、美観や景観、環境に対する影響、それらが使用期間を通じて性能を満足する耐久性能も必要である。**図-2.1**に構造物の設計の体系を示す。

構造物の設計に際しては、効率的な施工についても考慮しなければならず、できるだけ施工する現場の情報を取り入れた上で、設計をする

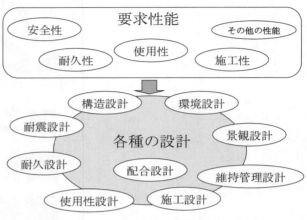

図-2.1 コンクリート構造物の設計の体系

必要がある。構造物の耐久性を検討するうえでは、例えば、配筋計画からフレッシュコンクリートのスランプなどのワーカビリティーを設定し、使用するコンクリートの配合条件から定まる水セメント比、単位セメント量、単位水量を求めることが必要となる。これらの値から劣化の速度とそれに対する維持管理の計画を立てることになる。そのため、構造物を使用する期間を設定し、ライフサイクルコストを考慮し、トータルコストを算出したうえで、経済的な設計になっていることを確認しなければならない。**図-2.2**はライフサイクルコストの算定事例である。長期間継続して供用する構造物では、当初から耐久性の高い設計とすることがよい場合が多いが、供用期間によっては、小規模な補修を繰り返しながら供用する方が経済的な場合もある。

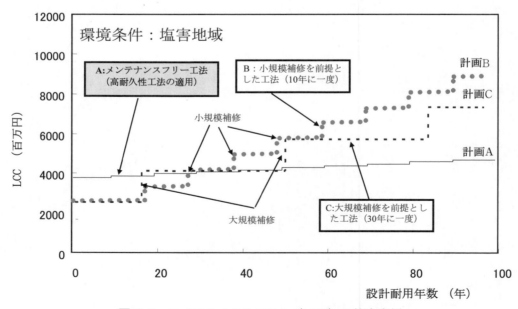

図-2.2 ライフサイクルコスト（LCC）の算定事例

2.2　構造物の要求性能とコンクリートの要求性能

構造物に要求される性能には、安全性能のほか、使用性能、美観・景観、そして、これらの性能の耐久性能などがあげられる（**図-2.3**）。また、構造物を造るうえでは、構造物自体の安全性だけでなく、第三者への影響も考慮する必要がある。例えば、コンクリートが剥離して通行者に危害を加えることがあってはならないし、地震で倒壊することも第三者に影響を及ぼすことになるので、計算外の地震があったとしても、第三者に影響を及ぼさないような破壊の状態を想定しておかなければならない。

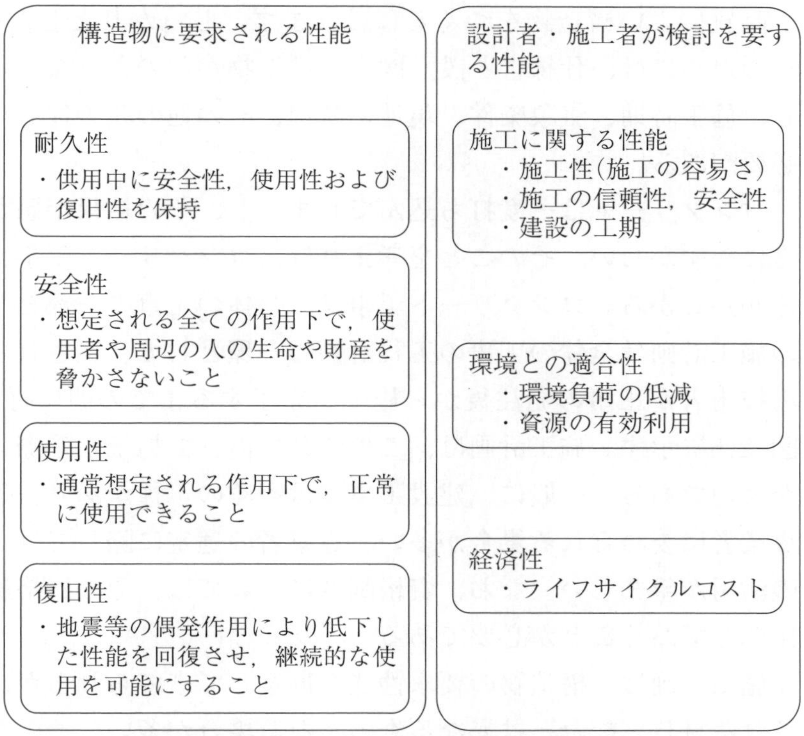

構造物を構築するときにも必要な性能がある。

```
┌─────────────────────────┐   ┌─────────────────────────┐
│  構造物に要求される性能     │   │ 設計者・施工者が検討を要す │
│                         │   │ る性能                  │
│ ┌─────────────────────┐ │   │ ┌─────────────────────┐ │
│ │ 耐久性              │ │   │ │ 施工に関する性能       │ │
│ │ ・供用中に安全性，使用性│ │   │ │  ・施工性（施工の容易さ）│ │
│ │  および復旧性を保持   │ │   │ │  ・施工の信頼性，安全性 │ │
│ └─────────────────────┘ │   │ │  ・建設の工期         │ │
│ ┌─────────────────────┐ │   │ └─────────────────────┘ │
│ │ 安全性              │ │   │                        │
│ │ ・想定される全ての作用下 │ │   │ ┌─────────────────────┐ │
│ │  で，使用者や周辺の人の │ │   │ │ 環境との適合性         │ │
│ │  生命や財産を脅かさない │ │   │ │  ・環境負荷の低減      │ │
│ │  こと               │ │   │ │  ・資源の有効利用      │ │
│ └─────────────────────┘ │   │ └─────────────────────┘ │
│ ┌─────────────────────┐ │   │                        │
│ │ 使用性              │ │   │ ┌─────────────────────┐ │
│ │ ・通常想定される作用下で，│ │   │ │ 経済性              │ │
│ │  正常に使用できること  │ │   │ │  ・ライフサイクルコスト │ │
│ └─────────────────────┘ │   │ └─────────────────────┘ │
│ ┌─────────────────────┐ │   │                        │
│ │ 復旧性              │ │   │                        │
│ │ ・地震等の偶発作用により │ │   │                        │
│ │  低下した性能を回復させ，│ │   │                        │
│ │  継続的な使用を可能にす │ │   │                        │
│ │  ること             │ │   │                        │
│ └─────────────────────┘ │   │                        │
└─────────────────────────┘   └─────────────────────────┘
```

図-2.3　構造物の要求性能とコンクリート工事で要求される性能

施工の速さ（工期）は、必要なときに構造物を提供することが必要であり、その時点でも環境への影響を考慮しなければならない。また、当然ながら工事をするには、経済性の追求も必要である。

構造物の設計に際しては、施工現場の詳細の情報が得られていないことが多い。そのため、コンクリートの材料や配合については、一般的には仮の設定がなされる。しかし、工事段階で変更することは、再度設計を行うなど一般的に不経済であるため、できるだけ施工時に変更を生じさせないように、現場の状況を把握しておくことが望ましい。

コンクリートの要求性能を定めると、使用材料を選定した上で、配合設計を行う。配合設計では、材料の変動を考慮して強度や耐久性の確保を考えた割り増しを行い、施工の条件を想定した上でスランプの最小値などを設定し、配合の条件を定めて各材料の計量値を定める。コンクリートの要求性能は、構造物の要求性能と工事の要件から定まりそれを満足するように材料と配合が定められる（**図-2.4**）。

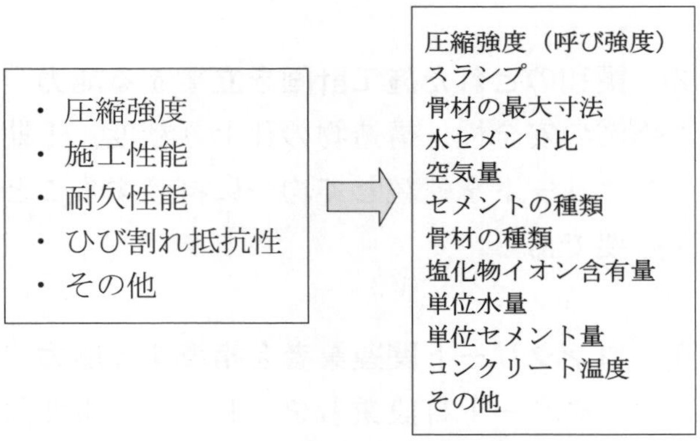

```
┌─────────────────┐        ┌─────────────────────┐
│ ・圧縮強度       │        │ 圧縮強度（呼び強度）   │
│ ・施工性能       │        │ スランプ             │
│ ・耐久性能       │   ⇨    │ 骨材の最大寸法        │
│ ・ひび割れ抵抗性  │        │ 水セメント比          │
│ ・その他         │        │ 空気量               │
└─────────────────┘        │ セメントの種類        │
                            │ 骨材の種類           │
                            │ 塩化物イオン含有量     │
                            │ 単位水量             │
                            │ 単位セメント量        │
                            │ コンクリート温度       │
                            │ その他               │
                            └─────────────────────┘
```

図-2.4　コンクリートの要求性能と材料・配合

2.3 コンクリートの施工計画と性能照査

　品質によい構造物をつくるには、まず、しっかりとした施工計画を立てなければならない。そのためには、仕様書と設計図書で構造物がどのような性能のものを要求されているかを確認し、施工時期、気象条件、現地の状況、その他の諸条件も十分に確認して施工計画を立案する必要がある。

　コンクリートは一度打ち込んでしまうと、その結果が悪かったとしても、取り壊すことが非常にむずかしい。そのことを考えれば、コンクリート工事において施工計画がいかに重要であるかがわかる。コンクリート工事は、全体の工事の一部として実施されるものであるから、その施工計画は全体の工事の工程計画の一環として立案される。コンクリート工事を担当する現場技術者が工事の発注後から施工を完了するまでの間に行わなければならない業務の流れを、**図-2.5**に示す。施工計画は、この流れに沿って施工が手際よく進められるように立案することが大切である。一般に、建設工事には多くの工種があり、近年の建設システムではそれぞれが専業者に委ねられる場合が多い。専業者の選定に際しては、過去の実績はもちろん、資格制度の活用が望ましい。なお、資格制度については、その資格制度が信頼できるものであることを確認しておくことが必要である。

　施工計画は、構造物の要求性能を勘案して立てられるが、施工段階になると設計段階で想定された材料・配合とは異なるものとなる場合が多い。そのため、詳細な施工計画を立案した段階で、再度構造物の性能を照査する必要がある。例えば、材料の違いやその結果としての配合に基づいてひび割れの発生を予測し、劣化の進行を推定し、改めて設計段階で要求されている性能を確保しなければならない。

　一般に、施工計画書には**表-2.1**に示す項目が必要である。なお、現場技術者が施工計画を立案し、施工管理を行って行くために必要な能力として、次のようなものが求められる。

⑴　設計図書を理解する能力

　設計図書の内容をよく理解し、型枠・配筋の検査に際して、誤りを正すことができることが必要である。

⑵　調和のとれた施工計画を立案する能力

　作業の安全性、構造物の仕上り精度、工期・工費を考え、適切な型枠・支保工計画を立案し、コンクリートを連続して均一に打設することのできる打込み方法や順序などを決定できることが必要である。

⑶　コンクリート関連業者を指導する能力

　コンクリート打設業者をはじめ、工事関係者への適切な指導と工事に支障のない施工管理ができること、また生コンメーカーが提出した配合表や試験練り結果をチェックできること、コ

ンクリートの品質試験とその結果の判断ができること、打込み中のコンクリートや次の打込み
に対し、適切な処置を指示できること、天候の予測と迅速な対応を指示できること、なども大
切である。

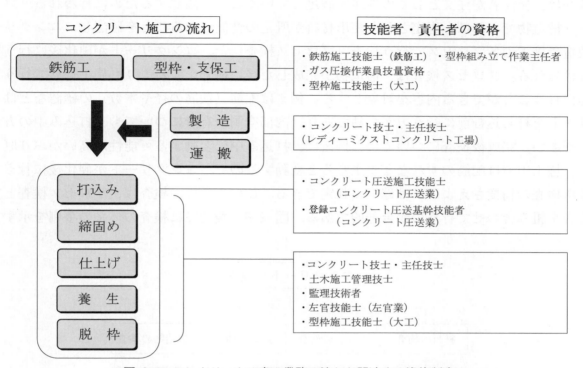

図-2.5　コンクリート工事の業務の流れと関連する資格制度

表-2.1　施工計画書の内容

番　号	項　　目	計画書作成時の検討内容
1	工　事　概　要	全体工事・関連工事とコンクリート工事との関係, 構造物の形状, 寸法, 配筋, 施工場所等
2	工　事　の　要　件	工期, 安全性, 経済性を考慮した工法の選定, 環境への負荷
3	工　程　計　画	コンクリート打設量, 1日の標準作業量, 型枠・鉄筋の計画, 打込みと養生の時期
4	作　業　計　画	気象状況, 型枠・支保工・鉄筋の組立て方法 コンクリートの運搬・打込み・締固め・養生方法
5	労　務　計　画	職種, 作業人員の配置, 期間, 資格, 組織表作成
6	仮　設　備　計　画	生コン車, ポンプ車の進入路, 電源・給水・排水設備
7	工　事　機　械　計　画	クレーン, 生コン車, ポンプ車の配置計画 性能, 使用期間等
8	資　材　計　画	型枠・支保工, 鉄筋等の置き場と加工場の広さ 鉄筋・生コンの調達, 品質, 数量
9	輸　送　計　画	工事現場周辺の交通事情, 生コンプラントとの距離, 生コン・鉄筋等の運搬の方法
10	安　全　衛　生　計　画	バイブレータ・溶接器等の使用電源経路, 防護柵, 公害防止策
11	そ　の　他	品質管理試験, 関連法規との関連, 騒音の周辺に与える影響, 夜間作業の可否

2.4 施工時のコンクリートの検査

　検査は、発注者が注文どおりの性能を満足していることを確認するために行われる。コンクリート構造物であれば、選定された使用材料が所定の性能であることを確認し、コンクリートの製造や施工の各プロセスで行う検査（プロセス検査）と、コンクリートが硬化後に行う検査に分けられる。プロセス検査は、構造物が完成した後に検査をするよりも施工過程で行う方が容易に行うことができる内容を対象とする。例えば配筋（鉄筋の径や本数）の確認などはコンクリートを打ち込む前に行う方が容易であり、内部空洞の有無についても、打込み中の方が確認しやすい。完成後検査については、例えば、打込み中に変動する可能性が高いかぶり厚さなどは、施工中では配筋のずれなどが生じると変動するので、コンクリートが硬化後に行う方が非破壊検査の精度さえよければ確実に判定できる。このように、検査は、プロセス検査と完成後検査を組み合わせて行うのが合理的である。**図-2.6**、**表-2.2**に検査の体系の事例を示す。

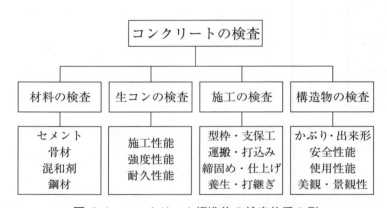

図-2.6　コンクリート構造物の検査体系の例

表-2.2　生コンの品質検査項目と頻度（一例）

項目	検査方法	検査頻度	判定基準
スランプ	JIS A 1101	1回／20〜150m³	JIS許容誤差
空気量	JIS A 1128	同上	JIS許容誤差
温度	温度計	同上	基準に合格
塩化物イオン	指定測定方法	2回／1日（海砂）	0.30kg／m³以下
水セメント比	計量記録値	全バッチ	許容範囲内
単位水量	指定測定方法	午前、午後2回	許容範囲内
単位セメント量	計量記録値	全バッチ	許容範囲内

　検査は、受注者が信頼できる場合は、書面でも可能であるが、その場合は少なくとも受注者に品質管理のデータの提出を求めるべきである。この品質管理のデータは、施工者が自ら行う品質管理であり、検査とは性格が異なる。検査は、発注者が自ら行うか公平な第三者が実施することが望ましく、施工者（受注者）の信頼性により検査項目とその頻度は異なる。このときの検査に要する費用は、発注者が負担するため、信頼できる受注者の場合はその経費が少なくできる利点がある。検査経費を削減するには、信頼できる施工者を選定することが望ましい。**図-2.7**は品質管理のレベルと検査のレベルの関係を概念的に示したものである。十分な品質管理が行われていれば、検査のレベルを下げることが可能となる。

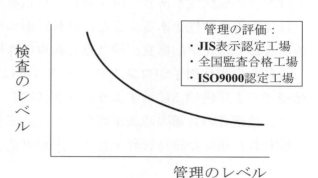

図-2.7　品質管理レベルと検査のレベルの関連

2.5　コンクリート構造物の維持管理

2.5.1　コンクリート構造物の劣化の実態

　戦後の復興に伴うインフラの整備は、その後早期劣化により社会的な問題になった。本来は耐久性の高いはずのコンクリート構造物の損傷が顕在化したためである。早期劣化の原因は、これまで想定していなかったアルカリシリカ反応を生じる骨材の使用による劣化、外部からの塩化物イオンの侵入による塩害などであるが、急速に建設された構造物に除塩をしない海砂を使用したことも一因とされた。

　現在供用している 2 m 以上の橋梁は全国で約73万橋あるとされているが、その多くはこれから高齢化し、インフラも維持管理の時代を迎えると言われている。

　インフラの延命化に対しては、**図-2.8**に示す点検、診断、補修・補強から記録といったメンテナンスサイクルが必要とされ、そのための技術者、対策技術とそのための予算の不足が指摘されている。

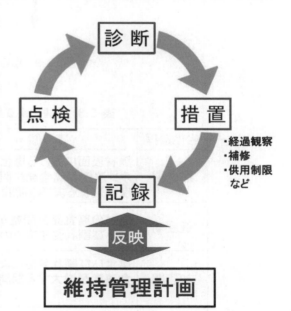

図-2.8　メンテナンスサイクルの概念

2.5.2 　各種劣化要因とその進行度

　社会資本であるインフラの劣化は、構造物の置かれる環境と使用環境により異なる。寒冷地では凍害の危険性があり、海岸付近の構造物や冬期に融雪剤や凍結防止剤を撒かれる道路橋などは塩害の危険性がある。また、部材断面の小さい構造物では中性化に伴う鉄筋の腐食、下水施設などでは化学的腐食、繰り返し荷重の作用する道路床版は疲労劣化の危険性がある。

　これらの劣化因子がコンクリート構造物に侵入すると構造物は徐々に劣化し、その段階を、**図-2.9**および**表-2.3**に示すように「潜伏期」、「進展期」、「加速期」、「劣化期」と分けることにより、技術者の共通の認識が可能になる。劣化の進行度の評価は、補修方法や補修時期の判断に使われ、適切な維持管理を行うことが可能となる。

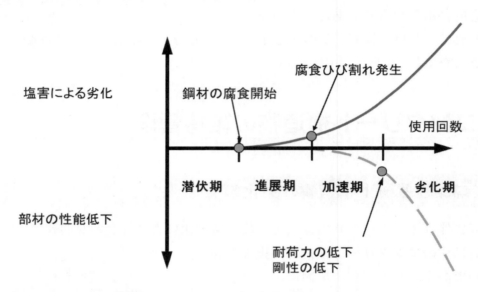

図-2.9　塩害による劣化の進行度の概念

表-2.3　塩害による劣化過程の定義と劣化の外観の状態

劣化過程	定　義	外観上の劣化の状態
潜伏期	鋼材表面における塩化物イオン濃度が腐食発生限界濃度に達するまでの期間	外観上の変状はない
進展期	鋼材の腐食発生開始から腐食ひび割れ発生までの期間	外観上に変状はない 腐食開始限界塩化物イオン濃度以上
加速期	腐食ひび割れ発生により腐食速度が増大する期間	（前期）腐食ひび割れ，錆汁発生 （後期）腐食ひび割れ多数 　　　　錆汁，部分的なはく離，剥落
劣化期	腐食量の増加により耐荷力の低下が顕著な期間	腐食ひび割れ多数（ひび割れ幅大） 錆汁，はく離，剥落 変位，たわみ大きい

2.5.3　構造物の点検技術

　構造物は損傷の表面化する前に劣化の進行度を確認すると、延命化が経済的できる。しかし、劣化の表面化する前の発見は、外観目視や打音検査だけでは困難である。劣化因子の侵入を事前に把握するためには、中性化の進行度や塩化物イオンの侵入深さの測定が必要で、コア採取やドリルによる微破壊試験が必要となる。

　外観目視や打音検査で損傷が発見されることは、すでに鉄筋の腐食やコンクリートの剥落などの劣化が進行していると考えられ、補修対策が急がれる。

　点検は剥落などの影響による第三者に対する被害などを防止するために必要であるが、劣化を事前に把握するための目的でもある。

点検には、日常点検、定期点検、臨時点検、緊急点検などがあり、**表-2.4**にその定義とそれぞれの点検方法の一例を示す。

表-2.4　点検の定義と点検方法の一例

点検の種類	目的・頻度	主な点検方法
初期点検	構造物の初期状態を把握する点検	・設計・施工に関する書類整理 ・定期点検と同様な調査
日常点検	日常的に構造物の状態を把握する点検	・外観調査（目視、写真、双眼鏡） ・車上感覚による調査など
定期点検	数年ごとに構造物の状態をより広範囲に把握する点検	・外観調査に加え、 ・たたき調査・非破壊試験 ・コア採取による試験、分析
臨時点検	地震、衝突等の突発的な作業で損傷した構造物に対して行う点検 基準額基準額の変更に伴う性能確認のための点検	・外観調査（目視、写真、双眼鏡） ・たたき調査 ・非破壊試験
緊急点検	損傷事故が生じた構造物と類似の構造物に対して行う点検 同様の事故を未然に防ぐことを目的とする	・外観調査（目視、写真、双眼鏡） ・たたき調査 ・非破壊試験

2.5.4　構造物の診断技術

　土木学会コンクリート示方書【維持管理編】示される診断のフローを**図-2.10**に示す。

　構造物の診断は、点検から判断、対策の一連の行為とされているが、それぞれに技術が進化していることに留意しなければならない。また、正確に診断を行う技術者としては各種の資格制度が存在するが、多くのインフラを診断できる技術者は少なく、点検を行う技術者、判断ができる技術者、対策が講じられる技術者の育成が必要とされている。

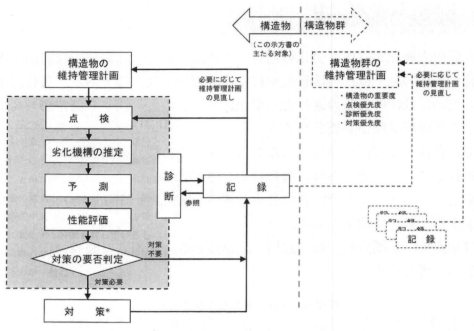

*) 対策として解体・撤去が選択された場合には，記録を行った後に終了する．

図-2.10　土木学会コンクリート示方書【維持管理編】に示される診断のフロー

2.5.5　構造物の延命化技術

　点検、診断の結果、コンクリート構造物を延命化するための対策を**表-2.5**に示す。

　構造物の劣化の状況に応じて、経過観察して点検を継続する場合もあるが、早期に補修する場合、補強を行う場合。あるいは使用制限を加える場合もある。対策はライフサイクルコストを考慮して判断することになる。

表-2.5　維持管理に伴う対策の概要

対　策	概　要
点検強化	対策が必要と判断され、直ちに補修や補強の対策を行うことができず、経過観察で点検頻度を増加する対策
補　修	劣化した構造物の劣化進行を抑制し、耐久性および安全性の回復あるいは向上を目的とした対策
補　強	構造物の耐荷性や剛性などの力学的な性能の向上あるいは回復を目的とした対策
機能向上	構造物に新たな機能を追加するために実施する対策（例えば、増大した交通量に対応するための車線増設・遮音壁の新設など）
供用制限	対策が必要と判定されたが、補修や補強を行わず、作用荷重の大きさや速度などを制限することによる対策
修　景	構造物や美観や景観などを確保するための対策
解体・撤去	老朽化した構造物や機能が失われた構造物の廃棄や更新、河川改修、道路・鉄道の線形改良、再開発事業などを理由として行われる対策
更　新	構造物の撤去後、新たに建設する対策

第**3**章
コンクリートの
施工と管理の要点

3.1 型枠・支保工の計画と施工

　型枠はコンクリートに直接接するせき板とこれを保持するばた材・締付け金具から構成され、支保工は型枠を所定の位置に固定するためのものである。型枠および支保工の一例を**図-3.1**に示す。

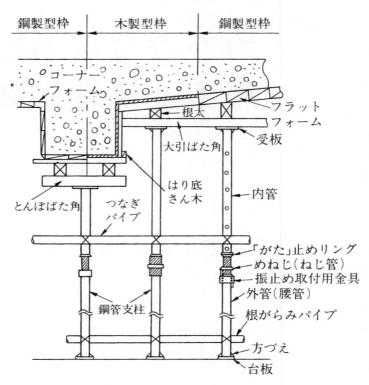

鋼製型枠　　木製型枠　　鋼製型枠

コーナーフォーム

根太

フラットフォーム

受板

大引ばた角

はり底さん木

内管

とんぼばた角

つなぎパイプ

「がた」止めリング

めねじ（ねじ管）

振止め取付用金具

外管（腰管）

鋼管支柱

根がらみパイプ

方づえ

台板

図-3.1　型枠及び支保工の一例

3.1.1　型枠・支保工の計画

⑴　型枠・支保工計画書の作成

　型枠・支保工は、構造物の出来映えや精度を左右するばかりでなく、作業の安全性や工期に及ぼす影響が大きい。

　図-3.2は、コンクリート構造物の建設中に崩壊した事故を原因別に分類したものである。事故の原因の大半は型枠・支保工に関連しており、設計や材料による原因はわずかである。このように型枠・支保工の計画・設計はコンクリート工事によって非常に重要であり、現場技術者にとって腕のみせどころでもある。

　型枠および支保工の計画書作成に際しての検討項目を**表-3.1**に示す。

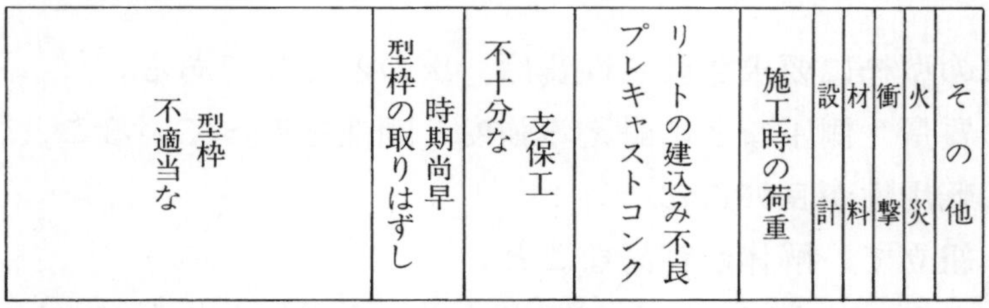

型枠
不適当な

型枠の取りはずし
時期尚早

支保工
不十分な

リートの建込み不良
プレキャストコンク

施工時の荷重

設計

材料

衝撃

火災

その他

図-3.2　コンクリート構造物の建造中の崩壊事故の原因

表-3.1　型枠及び支保工の計画書の検討項目

区　分	検 討 項 目	備　　考
型 枠 工	①設計図書	計算書，仕様書，図面
	②関連法規	3.1.1（2）参照
	③設計条件	許容応力度，荷重
	④材　料	**表-3.2** 参照
	⑤型枠組立図	応力計算
		標準断面図，側面図
		フォームタイの使用箇所・太さ
		コンクリート打設箇所
		パネル割り配置
		部材面取り形状
		上げ越し量
	⑥はく離剤	種　類
	⑦脱型時期および順序	3.8.6 参照
	⑧検　査	打設前に組立図面どおりかチェックする。
支 保 工（足場工を含む）	①設計図書	計算書，仕様書，図面
	②関連法規	3.1.1（2）参照
	③設計条件	許容応力度，荷重
	④形　式	**表-3.3** 参照
	⑤支保工組立図	応力計算
		標準断面図，側面図
	⑥基　礎	地耐力，許容沈下量
	⑦たわみおよび沈下量	3.1.3 参照
	⑧取りはずし時期と順序	3.8.6 参照
	⑨検　査	打設前と打設中に変形のチェックを行う。

(2)　関連法規

　型枠・支保工に関連する法規・指針の主なものとしては、①労働安全衛生法、②労働安全衛生規則、③建設工事公衆災害防止対策要綱（土木工事編）、④土木学会コンクリート標準示方書、⑤JIS諸規定、⑥日本建築学会「建築工事標準仕様書（JASS 5）」などがある。これらのうち、型枠・支保工の設計および施工にとくに関連の深いのが労働安全衛生規則で、材料、荷重、許容応力度、構造細目、図面などについて具体的な基準を定めている。これらの規定は、単なる指針ではなく法的拘束力をもつものであって、高さ3.5m以上の支保工を組立てるときは、図面・計算書などを添付した所定の施工計画書を、事前に所轄の労働基準監督署に届けることが義務づけられている。

(3) 型枠材料

コンクリート工事の型枠に要求される性質は、次のとおりである。

①コンクリートの質量、側圧などに耐える強度と剛性をもっていること。

②耐久性をもち、転用性が良いこと。

③加工の融通性、組立て、解体が容易なこと。

④コンクリート中のセメントペーストが漏出せず、また仕上り面がきれいなこと。

⑤適度の吸水性と保温性があること。

などであるが、とくに経済性という面からは、②の繰返し使用の可能性が重要な要素である。型枠・支保工に要する工費はかなり大きく、工事の機械化、省力化の要請に従い、型枠も標準化、大型化が進められているが、今後は工事の目的、規模に適した型枠・支保工の構造形式を考えてゆく必要がある。

型枠に用いられる材料には、木材、合板、鋼材、アルミニウム合金、プラスティック、硬質繊維、特殊硬質紙、ウレタンゴムなどがある。最も多く用いられているのは、鋼製の型枠は、メタルフォームとも呼ばれ、耐久性、仕上り精度、水密性、作業のしやすさなどの面で優れているが、加工性、保温性の点で合板よりも劣る。合板は仕上り面が美しく、加工のしやすさ、顕在性などの利点でよく用いられるが、アルカリに弱く、耐久性に若干劣る。また、コンクリートのアルカリによって木材中の色素、樹脂、リグニン、タンニン、糖類などが溶出し、せき板に接するコンクリートに浸透し、コンクリート表面を着色あるいは変色させたり、硬化不良を起こさせる場合もある。カシ、キリ、ケヤキ、あるいは長時間直射日光を当てた木材や、長時間加熱された木材などは、硬化不良を起こすことがある。アルミニウム型枠も、古くなるとコンクリート表面が着色するのであらかじめ点検しておく。

表-3.2に型枠材料とその特徴を示す。

型枠とコンクリートとの付着防止、型枠の劣化防止などから型枠に塗布するはく離剤としては、重油、鉱物油、石鹸水、パラフィンなどがあり、また、エポキシ樹脂、ウレタン、塩化ビニールなどの被膜コーティングを行う方法もある。

表-3.2 型枠材料とその特徴

名 称	長 所	短 所	標準転用回数
木 製 型 枠	加工が容易。保温性・吸水性が高い。	強度・剛性が小さく耐久性に劣る。セメントペーストが漏出しやすい。	3～4回
合 板 型 枠	コンクリートの仕上面が美しい。鋼製型枠より加工が容易。	鋼製型枠より転用回数が少ない。	4～8回
鋼 製 型 枠 （メタルフォーム）	転用回数が多い。組立て・解体が容易。強度が大きい。	加工が困難。保温性が低い。さびが出やすい。	30回程度
アルミニウム 型 枠	鋼製型枠より軽量。転用回数が多い。さびが出ない。	比較的高価。鋼製型枠より剛性が低い。コンクリートが付着しやすい。	50回程度
プラスティック 型 枠	軽量で作業性が良い。複雑な形状のもの，透明なものの製作可能。	衝撃力に弱い。比較的高価。熱や日光に対して材質が不安定。	20回程度

(4)　ばた材と締付け金具

　せき板やパネルなどの型枠は、木材または鋼材を用いたばた材で支持する。木製のばた材としては正角材（90×90mm、100×100mm）が多く用いられており、鋼材のばた材は丸パイプ（φ48.6×2.4または2.9－2本）、軽量形鋼（50×50×2.3）、リップ溝形鋼（60×30×10×2.3－2本）、軽量形鋼（60×30×2.3－2本）が用いられ、このほかにばた材専用のものもある。

　締付け金物は、せき板がコンクリートの側圧によって所定の間隔以上に開かないように締付けるためのもので、現在最も多く用いられているのはセパレータとフォームタイからなるタイロッド式締付け金物である。締付け金具として、なまし鉄線（番線）が用いられることがあるが、強度が少なく、またゆるみやすいので、簡単な型枠以外には使用しないほうがよい。図-3.3に締付け金具の取付け例を示す。

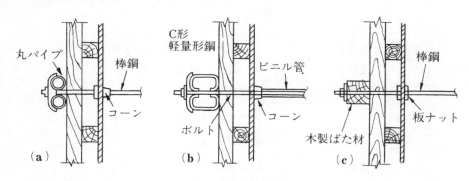

図-3.3　型枠締付け具の一例

(5)　支保工材料

　支保工は一般にはりと支柱を組合せた構造になっており、はっきり区別することは難しいが、主要部材が支柱かはりで支柱式支保工とはり式支保工に分類できる。なお、はりの支間を大きくするために、はりをアーチ形式としたアーチ支保工がある。近年は、延長の長い構造物に対して省力化を図るために、支保工を機械的に移動できる移動式支保工もよく用いられている。

　表-3.3、図-3.4に各種支保工の分類と使用材料を示す。

a）支柱材

　支柱材としては、形鋼（H鋼、鋼管、単管支柱）などの素材のほか、支保工専用の仮設材として鋼管支柱、枠組み支柱、組立て鋼柱などがある。

　H鋼は上下端に皿板を取付け、つなぎ材や斜め材で補強する。単管支柱は、φ48.6mmの鋼管の上下にベース金物を取付けて支柱としたもので、水平つなぎ材や斜め材で補強するが、これらの組立てのためには専用の緊結金物（クランプ）や継手金物を用いる。

　鋼管支柱は、パイプサポートともいわれ、φ48.6mmの内管とφ60.5mmの外管とからなり、外管の中に挿入されている内管を出し入れすることで2.3～3.4mの長さに調節することができる。一般にスラブや片持ち部の支柱として用いられる。

　枠組み支柱は、鋼管枠ともいわれ、φ42.7mmの鋼管を溶接加工で鳥居形の枠にしたもの（建枠）2個を水平方向の枠（布枠）と、交差筋かいで組立てて支柱とするもので、これを上下に重ねたり、多数並べて相互にパイプで継いで支保工とする。

表-3.3 支保工の分類

区　分	支　保　工		
	木　製　角　材		
支柱式 支保工	形　鋼	H形鋼	
		鋼管	
		単管支柱	
	支保工 専用支柱	鋼管支柱	
		枠組み支柱（鋼管枠）	
		組立て鋼柱	
はり式 支保工	形　鋼	I形鋼	
		H形鋼	
	支保工 専用ばり	スライド型組立てばり	
		結合型組立てばり	
		大型トラス	
	アーチ式支保工		
移動式 支保工	移動式作業車		
	はり式移動支保工		
	接地式移動支保工		
	トラベラ		

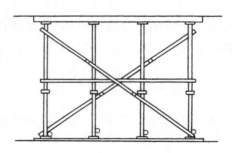

（a）鋼管支柱支保工

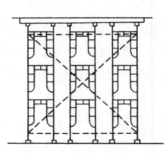

（b）枠組み支柱支保工

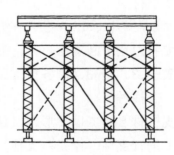

（c）組立て鋼柱支保工

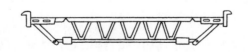

（d）はり式支保工

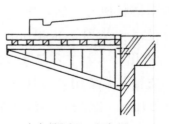

（e）張出し式支保工

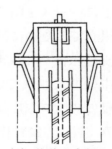

（f）移動式支保工

図-3.4　各種の支保工

　組立て鋼柱は、脚柱材として鋼管または等辺山形鋼を3本ないし4本用い、これらを丸鋼のブレーシングで組立てたものである。

b）はり材

　はり材には形鋼と支保工専用の組立てばりがある。形鋼は運搬上、長さに限度があるので支間が大きな場合は、組立てばりを用いたほうがよい。

　組立てばりは、鋼製のトラス、または穴あきビームから構成され、長さが調節できるプレハブ部材を現場で適当な大きさに組立てて使用するはり材で、軽量で取扱いやすいという長所がある。

　組立てばりには、スライド型と結合型があり、スライド型は、はりがテレスコープ式の構造をもっており、内側に収納されたはりをスライドさせ適当な位置で固定する。結合型は、一定長さのトラスをボルトおよびターンバックルを用いて、支間に応じて適当な長さに組立てるものである。

3.1.2　型枠・支保工の設計

(1)　設計の基本

　型枠材・支保工材について、許容曲げ応力度、せん断応力度、たわみについて計算し、各部材を決定する。特殊な支保工の組立てについては、必ず計算書を作成し、それに基づいて型枠・支保工を設置する。

　型枠・支保工を計画するにあたって注意すべきことは、部材の強度・変形を検討することはもちろんであるが、破壊や安定に対する検討、支承構造の検討を確実に行うことである。

　すなわち型枠・支保工の荷重は変動が大きいため、水平材、斜め材、支柱など、部材相互間の連結や支承の構造細目にも十分注意する必要がある。また、作用する水平力は、できるだけ作用軸線に近い堅固な構造物に伝達させる。

　このほか、施工の難易も考えて設計を行わなければならない。たとえば支保工を構築する空間の制限の検討や、型枠・支保工の組立作業の難易度もさることながら、解体作業の難易度も考慮する必要がある。

(2)　型枠・支保工に作用する荷重

　表-3.4に標準的な鉛直方向荷重および水平荷重を示す。提案値の間には、かなりの誤差が見られ、施工中の仮設の不確実性を物語っており、一般に提案値は比較的条件の整った場合の最小値と考えたほうが適切である。

　型枠の設計では、型枠に作用するコンクリートの側圧の算定も非常に大切である。

　フレッシュコンクリートは半流動状態であり、コンクリートの側圧は打込み高さに比例するが、時間が経過すると必ずしも打込み高さに比例して側圧は大きくなるとは限らず、下部の側圧は減少する。下部の側圧が減少するのは、コンクリートの凝結が進行するためと、コンクリート中の骨材がせり合っていわゆるアーチ作用が起こるためとされている。最大側圧は打込み

速度が大きいほど、流動性が大きいほど、温度が低いほど、せき板の水平断面が大きいほど大きくなる。

側圧の推定式として第1章図-1.13を参照されたい。

表-3.4　型枠・支保工に作用する鉛直方向荷重および水平方向荷重
（コンクリート標準示方書および解説を参考として作成）

種別	鉛直方向荷重	水平方向荷重
型枠・支保工の設計に用いられる荷重の設定方法	●型枠，支保工，コンクリート，鉄筋，作業員，施工機械器具，仮設備等の質量および衝撃を考える。 ●コンクリートの単位重量は，一般に，天然骨材を用いた場合は23.5kN/m³を標準としてよい。なお，鉄筋コンクリートでは，さらに鉄筋の質量として1.5kN/m³を加算する。 ●死荷重以外の作業荷重および衝撃荷重は計算の便宜上，等分布荷重におきかえて，一般に，2.50 kN/m² 以上を考える。	●型枠の傾斜，作業時の振動，衝撃，施工誤差等に起因するもののほか，必要に応じて風圧，流水圧，地震等を考慮する。 ●予測される水平方向荷重が照査水平方向荷重より小さい場合は，照査水平方向荷重を用いて安全性を検討する。 ●照査水平方向荷重は，型枠がほぼ水平で，支保工をパイプサポート，単管支柱，組立鋼柱，支保はり等を用いて現場合せで組み立てる場合に設計鉛直荷重の5％，また支保工を鋼管枠組支柱によって工場製作精度で組み立てる場合には設計鉛直荷重の2.5％に相当する水平荷重が支保工頂部に作用するものと仮定する。 ただし， 　1）　よう壁など壁型枠には，型枠側面に対して500 N/m² 以上の横方向荷重を考慮する 　2）　風や流水および地震の影響を大きく受けるときは，必要に応じて別に考慮する

(3) 許容応力度

　型枠・支保工材料のように多くの現場で何度も繰り返して使用される場合には、たとえその現場では一時的な荷重を受けるものであっても、それを短期許容応力度で設計するのは適当でない場合もある。なお、労働安全衛生規則では、支柱、はりおよびはりの支持物など主要部材に対して、許容応力度を規定しているので、設計はこれに基づいて行う。

３.１.３　型枠・支保工の施工

(1)　上げ越し量の決定

　支保工はコンクリートの打設によって変形や沈下を生ずる。その原因としては、①コンクリート自重によるもの、②各部材間のなじみやくい込み、③支保工基礎の沈下、などがある。このような変形や沈下に対処するために、支保工の上げ越しを行う。また、構造物はスパンの長さによって水平でもたわんで見えるため、構造物の美観上の上げ越しを行うことがある。

　コンクリートの自重による沈下は計算によって求められるが、各部材間のなじみやくい込みおよび支保工の基礎の沈下は、経験的に推定するか、載荷試験あるいは実物大の事前施工実験によって求める。また、美観上の上げ越しは経験的に求められる。一般にこのような上げ越し量は、最終的には発注者と協議して決定することが多い。

(2)　型枠・支保工の組立て

　型枠・支保工の計画には、かなり不確定な部分が含まれており、施工時のフォローアップがきわめて大切である。事前の予測には限界があり、予想外の変形や沈下が生じるようなことは珍しくない。したがって、設計の不備や異常な兆候を早期につかみ、遅滞なく手を打っていくことが重要である。

　部材寸法の施工精度は、道路橋示方書によれば、長さ寸法で±１％または30mmのうち小さい方、断面寸法で±２％または20mmのうち小さい方を採用することを規定している。

　型枠・支保工の設置にあたっては事前に、必ず型枠・支保工の組立図を作成しておく。

　型枠・支保工担当者は、この組立図が各種の関連法規や安全基準に適合しているかどうかを確認した後、材料の注文を行う。

　支保工の組立てにあたっての主な注意事項としては、次のようなものがある。

a）基礎の施工

　基礎の沈下量は、できるだけ少なくかつ均等になるようにする。支保工基礎の種類としては既設構造物、杭基礎、直接基礎などがある。

　既設構造物を基礎とする場合は、既設構造物上に敷桁を直接置いて支柱を建てるか、コンクリートを打設してから敷桁や支柱を施工する。杭基礎としては、H鋼ぐいなどを使用する。直接基礎は、厚さ40cm以上の鉄筋コンクリート、均しコンクリート、敷材などにより荷重を基盤に伝達させる。

b）　支保工のレベル調整

　支保工のレベル調整のため、ジャッキは支保工の上下端にストローグが１／２程度になるようにセットする。下段のジャッキは基礎の不陸を調整する。上段のジャッキは、大引材の両端と中央２～３点で若干低めにレベルを合わせた後、型枠完了時、鉄筋組立て時、およびコンクリート打設前に調整する。なお、大引材の継手には受材を当て、その下に支柱を設置する。

c）　支保工の沈下の計画

　コンクリートの打設に伴う過度な変形対策、および以後の組立における上げ越し量の修正の

ため、①貫板またはピアノ線を型枠より吊るし、地盤に杭を打ち測定する。②貫板または逆さスタッフをおき、レベルにて直接測定する、などの方法で沈下を測定しておくと良い。

3.2 鉄筋工の計画と施工

3.2.1 鉄筋工の計画

鉄筋工の計画に際して考慮する事項を**表-3.5**に示す。

表-3.5 鉄筋工の計画に際して考慮する事項

項　　目	内　　　容
使用鉄筋の種別・径別の数量	種別——SR235, SD295, …… 径別——φ9, D13, D16, ……
月 別 使 用 量	月別に使用する鉄筋量 月別注文数量
工　　　程	鉄筋の加工，組立てに要する時間 鉄筋発注から現場搬入までの時間
運 搬 方 法	現場搬入路，現場内運搬，鉄筋置場
加 工 場	面積と平面配置図，保存方法（防錆方法），ストック量
ス ペ ー サ	種類と数量
継 手	継手方法と箇所数 品質管理および施工管理
鉄筋の検査試験	ミルシート 鉄筋配置検査の時期・方法
打 継 目 処 理	露出鉄筋の処理方法

⑴　**組立図、加工図の作成**

鉄筋の組立図、加工図の作成に際しては、設計図書をもとに行う。施工経験の浅い設計者による場合は組立てに苦労することがあるが、設計図どおりに鉄筋を組立てることが困難と考えられたら、発注者、設計者の承認を得て変更を行う。

組立図の作成に際しては、型枠と鉄筋の組立て手順をよく考えて行う。たとえば、はりの鉄筋については、はり底を組立てた後に鉄筋を組立て、その後はりの側型枠を起こすようにする。

設計図に加工図がついていればよいが、ない場合には仕様書に沿って加工図を作成し、承認を得る。

(2)　鉄筋工計画書の作成

　鉄筋の組立図、加工図ができたら鉄筋量を算定し、設計数量と照合して、詳細な鉄筋工計画書を作成する。

　鉄筋工の計画は現場技術者にとって繁雑な仕事である。しかし、これをなおざりにすると工費の増大、工程の遅滞を招くことになるので、施工の条件を確認して計画をたてなければならない。

3.2.2　鉄筋の注文

(1)　鉄筋の仕様

　鉄筋については、JIS G 3112（鉄筋コンクリート用棒鋼）、JIS G 3117（鉄筋コンクリート用再生棒鋼）、JIS G 3101（一般構造用圧延鋼材）、JIS G 3109（PC鋼棒）などにより規定されているが、代表的なものを**表-3.6**に列挙する。

　一般の構造物の場合には、SR235、SD295、を主として使用し、SD345の使用も最近は多くなっている（Rは普通丸鋼、Dは異形棒鋼を示す）。

　鉄筋の標準長さは3.5、4.0、4.5、5.0、5.5、6.0、6.5、7.0、8.0、9.0、10.0、11.0、12.0mであるが、実際は3.5〜12mまで50cm間隔で製造されている。　鉄筋のふしの高さ、長さの許容差、1本および一組の質量の許容差を**表-3.7**、**表-3.8**、**表-3.9**に示す。

表-3.6　鉄筋の日本工業規格（2020年）

JIS	種　類	種類の記号	降伏点又は耐力 N/mm²	引張強さ N/mm²
G3112 鉄筋コンクリート用棒鋼	丸　　鋼	SR 235	235 以上	380〜520
		SR 295	295 以上	440〜600
		SR 785	785 以上	924 以上
	異 形 棒 鋼	SD 295	295 以上	440〜600
		SD 345	345〜440	490 以上
		SD 390	390〜510	560 以上
		SD 490	490〜625	620 以上
		SD 590A	590〜679	695 以上
		SD 590B	590〜650	738 以上
		SD 685A	685〜785	806 以上
		SD 685B	685〜755	857 以上
		SD 685R	685〜890	806 以上
		SD 785R	785 以上	925 以上
G3117 鉄筋コンクリート用再生棒鋼	再 生 丸 鋼	SRR 235	235 以上	380〜590
	再生異形棒鋼	SDR 295	295 以上	440〜620
		SDR 345	345〜440	490〜690

表-3.7　異形棒鋼のふしの高さ

寸　　法	ふしの高さ	
	最　　小	最　　大
呼び名 D13 以下	公称直径の 4.0%	最小値の 2 倍
呼び名 D13 をこえ D19 未満	公称直径の 4.5%	最小値の 2 倍
呼び名 D19 以上	公称直径の 5.0%	最小値の 2 倍

表-3.8　異形棒鋼の長さの許容差

長　　さ	許　　容　　差
7 m 以下	0〜+40 mm
7 m をこえるもの	長さ1mまたは端数を増すごとに，上記の許容差にさらに5mmを加える。ただし，最大値は120mmとする。

表-3.9　異形棒鋼一組の質量の差異の許容差

寸　法	質量許容差（％）
呼び名 D10 未満	± 7
呼び名 D10 以上 D16 未満	± 5
呼び名 D16 以上 D29 未満	± 4
呼び名 D29 以上	±3.5

　また、鉄筋の質量算出法は次のとおりである。

a）単位質量

　棒鋼の長さ１mの質量であって、JIS規格に記載の質量によるものとする。

b）１本の質量

　単位質量に長さを乗じて算出し、１本の質量が1,000kg未満の場合は有効数字３桁まで計算する。

　１本の質量が1,000kgをこえる場合はkgの整数値に丸める。

c）総質量

　１本の質量に同一寸法の総本数を乗じて算出し、kgの整数値に丸める。

(2)　製品の価格

a）高炉製品と電炉製品

　鉄筋を供給メーカー別に大別すると、高炉メーカー製品と電炉メーカー製品に分けられる。高炉メーカー製品は、鉄鉱石を溶鉱炉で溶かし、鋼塊をつくり、これを分塊、圧延して製品化するものである。

　一方、電炉メーカー製品は、スクラップを電気炉で溶かし、鋼塊をつくり、これを分塊、圧延したものである。鉄筋の大半はこれにあたる。

b）価格の決定

　高炉メーカーは、年度始めに建値を決定し、ほぼ年度間はこれを変更しないことを原則としているが、電炉メーカー製品は、メーカーの企業体質の弱さもあって、価格は需要のバランスによって決まる。

　とくに鉄筋については、供給量の95％以上が電炉製品のため、価格は大きく変化する。

c）ベースとエキストラ

　建値は標準規格・寸法（一般にベースサイズと呼んでいる）の価格であって、特別仕様の規格、寸法については別途金額が加算される。これを「ベース」に対して「エキストラ」と呼んでいる。

　エキストラの一般的なものとして規格、サイズ、肉厚等があるが、品種によって異なった内容のもので注意を要する。

d）流通経路

建設業者が、メーカーから直接鉄筋を購入することはない。メーカーは窓口となる問屋を通じて鉄筋を販売する。問屋はそのほとんどが商社であり、小さな販売店あるいは特約店も問屋である商社を通じて鉄筋を購入する。一般に問屋である商社は販売価格の3％程度を手数料として取り（これを口銭と呼んでいる）、メーカーからの買い、建設業者への売りの際に発生する決済、検収のずれによる金利等をこの口銭の中から立替えている。建設業者は、問屋もしくは特約店から購入する。

(3)　注文方法

工程表に基づき組立てに要する期間および鉄筋発注から現場搬入までに要する期間を加味して、月別注文量を注文する。

注文する場合、メーカーの工場工程（ロール予定と称する）によって、鉄筋の生産時期に制約があるので商社とよく打ち合せて注文する。

注文時の鉄筋明細の出し方は、設計図、加工図、組立図によって長さを決めていくが、製品としては3.5〜12mまで0.5mピッチになっているので、できるだけロスの少ないように長さを決めるべきである。

ただし、ロスを少なくすることのみに重点をおくと、1本の鉄筋から数種の取合せを考えがちであるが、あまり複雑にすると鉄筋工の作業能率が低下し、施工時期が違うと管理が上手くいかず、かえってロスを大きくすることになる。

(4)　納入・受入れ方法

鉄筋は、商社と打合せのうえ、納入日、時間を決めて納入させるが、契約上、トラック渡しで納入させる場合が一般的であるので、鉄筋の搬入路の整備、クレーン玉掛者の確保、鉄筋を支持するリン木の段取りなどをよく確保する。

また、納入されたら伝票と現物との員数をよくチェックして受取る。正規の手続きによって購入した鉄筋については、メーカー発行の成績証明書（ミルシート）があるので、これを整理し点検を行う。

3.2.3　鉄筋の継手

(1)　継手の種類

　鉄筋は製造上、運搬上、施工上などにより最大長が決められる。したがって、長尺ものに鉄筋を継いで配筋しなければならない。しかし、鉄筋を継ぐことは構造上、そこが弱点となるため、継手位置を相互にずらして一断面に集めず、また、鉄筋に発生する応力が小さい位置に継手を設けなければならない。

　鉄筋の継手の種類は、**表-3.10**に示すように種々あるが、ここでは重ね継手、ガス圧接について説明する。なお、鉄筋の継手方法については、発注者の承認を受けてから施工を行う。

表-3.10　鉄筋の継手の種類

種　類		内　容	例
重ね継手工法		所定の長さに平行に重ねた鉄筋を結束線で結束する方法。施工が簡単なため，従来から一般に用いられてきた。	――
溶接継手工法	ガス圧接法	鉄筋を酸素・アセチレン炎で加熱し圧着して接合する方法。太径鉄筋に対しては例に示すような方法が開発されている。	強還元炎ガス圧接法 アセチレン噴射式圧接法 還元性ミストフラックス圧接法
	アーク溶接法	鉄筋に開口をとり，突合せアーク溶接により溶接したり，鉄筋を重ね合わせたり，鋼板・形鋼を介してすみ肉溶接などをして接合する方法。	エンクローズド溶接 S.B.R.溶接
スリーブ式継手工法	テルミット溶接法	接合部をすやきのモールドでおおい，内部でテルミット反応を起こさせて溶接したり，鋼製スリーブ内にテルミット反応による溶融鉄を注入して接合する方法。	カドウェルドジョイント テルミット溶接
	スリーブ充てん法	内側に凹凸のついたスリーブを接合部にはめ，間隙に高強度・無収縮性のモルタルや樹脂を注入して接合する方法。	スプライススリーブジョイント 加熱圧着式スリーブ継手 樹脂接着継手
機械式継手工法	カラー圧着法	鋼製カラーを接合部にはめ，油圧ジャッキなどを用いて鉄筋に圧着したり，ダイスによりしぼり，異形鉄筋の節・リブにくい込ませて接合する方法。	グリップジョイント TSスリーブジョイント SJスクイーズジョイント
	ねじ継手法	鉄筋の端部にねじ部を設けカプラにより機械式に接続する方法。ネジ仕上げによる強度低下を防止するため種々の方法が開発されている。	じかネジ継手 長ナット継手 ナースリップ継手
組合せ継手工法		スリーブ継手とカプラと組合せたものなど2種の接合法を組合せたもの。	レリージョイント CTカプラジョイント

(2)　重ね継手

　引張鉄筋の重ね継手は、(i)配置する鉄筋量が計算上必要な鉄筋量の2倍以上、かつ同一断面での継手の割合が1/2以下の場合には、重ね継手の重ね合せ長さは、次式の基本定着長ld以上としなければならない。(i)の条件のうち一方が満足されない場合は、重ね合せ長さは基本定着長l_dの1.3倍以上とし、継手部を横方向鉄筋等で補強しなければならない。(i)の条件の両方が満足されない場合は重ね合せ長さは基本定着長l_dの1.7倍以上とし継手部を横方向鉄筋等で補強しなければならない。また、鉄筋直径の20倍以上とする。さらに重ね継手部の帯鉄筋、中間帯鉄筋およびフープ鉄筋の間隔は100mm以下とする。

$$l_d = \alpha \frac{f_{yd}}{4f_{bod}} \times \phi$$

ここに、　ϕ：鉄筋の直径

　　　　　f_{yd}：鉄筋の設計引張降状強度

　　　　　f_{bod}：コンクリートの設計付着強度で、

　　　　　$f_{bod} = 0.28f'_{ck}{}^{2/3}/1.3 \leq 3.2 \text{N/mm}^2$

ここで、　$\alpha = 1.0$　（　　　　$k_c \leq 1.0$の場合）

　　　　　$= 0.9$　（$1.0 < k_c \leq 1.5$の場合）

　　　　　$= 0.8$　（$1.5 < k_c \leq 2.0$の場合）

　　　　　$= 0.7$　（$2.0 < k_c \leq 2.5$の場合）

　　　　　$= 0.6$　（$2.5 < k_c$の場合）

ここに、　$k_c = \dfrac{c}{\phi} + \dfrac{15A_t}{s\phi}$

　　　　　c：主鉄筋の下側のかぶりの値と定着する鉄筋のあきの半分の値のうち小さい方

　　　　　A_t：仮定される割裂破壊断面に垂直な横方向鉄筋の断面積

　　　　　s：横方向鉄筋の中心間隔

　引張鉄筋に標準フックを設けた場合には、基本定着長L_dより10ϕだけ減じてよい。ただし、鉄筋の基本定着長さl_dは少なくとも20ϕ以上とするのがよい。

　鉄筋の重ね継手は鉄筋に作用している引張力をコンクリートの付着を介して伝達するため、周囲のコンクリートを十分に締め固める必要がある。そのため、継手部の拘束線（$\phi 0.9$mm以上の焼きなまし鉄線）は鉄筋を確保できるだけ巻く。

(3)　ガス圧接

　ガス圧接は、鉄筋の接続部を高熱で熱し、圧力を加えて接続する溶接継手である。重ね継手の場合は、一般には鉄筋径が太くなるほど継手長を長くしなければならないので、鉄筋と鉄筋を直接接続するガス圧接のほうが有利となる。その施工・検査等の全般については、（公社）日本鉄筋継手協会の「鉄筋のガス圧接工事標準仕様書」の規定によるとよい。ガス圧接部の品質管理は発注者側の条件によって試験片を抜き取ったのち、引張試験を行い、全数が合格とな

らなければならない。抜取り本数としては200ヶ所に一組5本程度とすることが多い。

　ガス圧接の注意事項としては、次のようなものがあげられる。

a）圧接工の資格

　圧接工は、（公社）日本鉄筋継手協会のガス圧接作業技量資格検定試験に合格しているかどうかを確認する。

b）圧接時の気象条件

　降雨、降雪または強風などのときは作業を行ってはならないが、やむをえない場合は完全な作業ができるように作業場を覆って施工する。

c）圧接面の清掃

　圧接面の清掃は圧接当日に行う。圧接面の錆、油、塗料、その他の付着物をグラインダやサンダで研磨・除去する。

d）圧接による縮み

　圧接により鉄筋径の6〜10割の縮みが生ずるので、この縮みを考慮する必要がある。

e）圧接鉄筋の規格、種類、直径

　規格または種類の異なる鉄筋、および直径の差が7mmをこえる鉄筋の圧接は、原則として行ってはならない。

f）圧接部の形状と仕上げ方法

　圧接面はできるだけ平面に仕上げ、その周辺を面取りする。2本の鉄筋を圧接器により突合わせたとき、圧接面周辺の開きが3mm以下の形状になるように仕上げる。

　圧接継手における鉄筋中心軸の偏心量は、鉄筋径の1/5以下であるかを確認する。

　圧接部のふくらみの直径は、鉄筋径の1.4倍以上で、なだらかなふくらみとなっているかを確認する（**図-3.5**）、なお、圧接部のふくらみの頂部から圧接面のずれは、鉄筋径の1/4以下でなければならない。

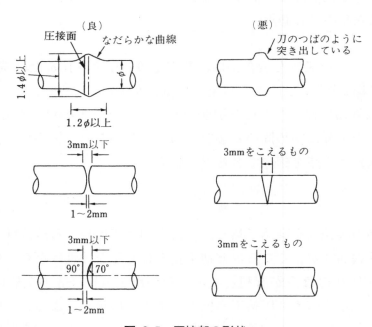

図-3.5　圧接部の形状

3.2.4　鉄筋の施工

(1)　配筋の施工精度

　鉄筋は、設計図に示された正しい位置に、コンクリートを打ち込むときに動かないよう確実に組立てる。鉄筋位置のわずかなくるいも部材の強さに与える影響は大きい。鉄筋配置の通常の施工精度としては、有効高さについては設計値の±10mm以内（ただし、最小かぶりは確保すること）とし、鉄筋間隔の誤差は設計値の±20mm以内（ただし、有効高さに不足側の誤差がある場合は鉄筋間隔の広がる方法とし、誤差は±10mmを限度とする）とし、折曲げ・定着継手位置については±20mmとしている。

(2)　スペーサ

　鉄筋のかぶり、ピッチを保つためには、**図-3.6**に示すようなスペーサを用いて正しい位置に鉄筋を保たせる。コンクリート示方書では、スペーサは原則として、コンクリート製あるいはモルタル製を用いるように規定している。この時のスペーサの品質は、本体のコンクリートと同等以上の品質を有するものでなければならない。スペーサの選定の際、経済性のみを追求すると、組立て中に鉄筋の質量によりスペーサが破壊して、配筋全体が変形するおそれもあるので注意する。さらに、スペーサ以外に組立筋を使用したほうが、経済的な場合も多いので、よく検討する。

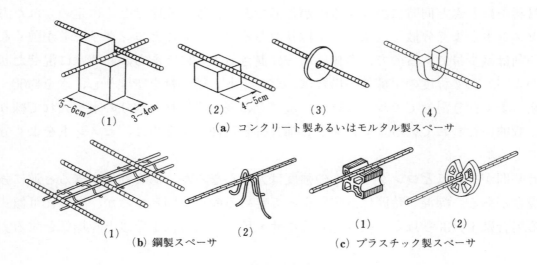

図-3.6　スペーサの一例

(3)　鉄筋の組立て

　加工図および取合せ表によって鉄筋を使用するが、鉄筋技能者によっては取扱いの楽な鉄筋から使用する場合があるので、ときどき在庫を調べ、調整の必要がある。これを怠ると、組立て中に必要な鉄筋が不足し、工程に重大な影響を及ぼす。

　鉄筋の組立てが完了したら、設計図とよく照合し、発注者・監督員の承認を得る。

⑷　コンクリートの打設時の鉄筋の修正

　　コンクリート打設中は鉄筋の状態をよく観察し、かぶり、ピッチなどのくるいを修正する。

　　コンクリートの打継目より露出している鉄筋がある場合には、風雨によって錆を発生し、流れ落ちてコンクリート表面を汚すので、そのようなおそれがある場合はセメントペースト、シート、その他によって養生を行う。

3.3　コンクリートの製造

3.3.1　コンクリートの製造の基本

　　コンクリートの製造時に留意するべき事項は、貯蔵、計量、練混ぜを適切に行うことである。貯蔵時においては、風化しないようなセメントの貯蔵、分離を生じさせないような骨材の貯蔵、均質な状態を保つ混和剤の貯蔵をすることが必要である。計量に際しては、所定の精度で計量できることを確認された計量器を適切に管理することである。練混ぜに際しては、計量されたコンクリート用材料を均質になるまで、適切な時間、練り混ぜることが必要である。

　　このとき、各材料の投入順序は、ミキサの形状、骨材の種類、粒度、コンクリート配合、混和材料の種類などにより様々な方法があるが、セメントが分散しやすい方法とする。一般には全部の材料をほとんど同時に投入するのが普通であり、投入順序はとくに定められた方法はないが、セメントがよく分散し、水がよく練り混ざるようにするとコンクリートが強くなる。また、混和剤は微少量であるので、全体に均一に混ざるように、あらかじめ水に混ぜた状態で用いた方がよい。20ℓ程度の手練りの場合は、セメントと細骨材を空練りし、水を約60～70％くらい加え、よく練り混ぜてモルタルをつくる。その後、粗骨材と残りの水を入れて練り混ぜる方法が一般的に行われている。セメントと細骨材を空練りするのは、セメントをよく分散させるためである。

　　練混ぜ時間が長いほどコンクリートの強度は大きくなるが、あまり長すぎると逆に強度が低下する場合がある。練混ぜ時間は試験によって定めるのを原則とするが、一般に可傾式ミキサを用いる場合は1分30秒以上、強制練りミキサを用いる場合は1分以上を標準とする。

3.3.2　練混ぜ用機械

⑴　コンクリート製造プラント

　　コンクリート製造プラントは、セメント、水、細骨材、粗骨材および混和材料などの貯蔵設備を備え、各材料を所定の配合計画どおりに計量し、ミキサで十分に練り混ぜてコンクリートを製造する装置である。材料受入貯蔵部、計量部、ミキサ部、その他の付属設備などから構成されている。

　　コンクリート製造プラントは、その形状によって、塔形、横置型（ベルトコンベヤまたはス

キップ式）簡易型、および定置式、可搬式などに分類されるが、塔形で定置式のプラントが多い。また、操作方法によって手動式、半手動式、全自動式、連続式などに分類されるが、全自動式が多くなってきている。計量方式からは、個別計量方式、累積計量方式または切替計量方式などに分けられる。

　コンクリート製造プラントに使用されているミキサ形式には、重力式（可動式、不傾式）と強制式（パン型、パグミル型）がある（3.3.2⑵参照）。

　容量は0.5〜6.0m³のものがあり、1.0〜1.5m³のものが最も多く使用されている。一般に、重力式は2台、強制式は1台設置するプラントが多い。

　コンクリート製造プラントは、生コンの工場生産に伴い自動化が促進され、電子制御方式の操作機械、品質管理装置、ならびに工場全体の集中制御管理装置などのコンピュータ化が図られている。さらに防音、集じん、回収水処理装置などの公害対策のための各種装置も普及している。

　なお、海中・海上コンクリート工事では、コンクリートプラント船も陸上プラント同様の性能をもつようになっている。

⑵　コンクリートミキサ

　コンクリートミキサのタイプは図-3.7に示すようにいろいろあるが、大別すれば、重力式ミキサと強制練りミキサに分けられる。

　重力式ミキサは、ドラムを傾けて排出する可傾式と、ドラムをそのままの状態で排出する不傾式とがあるが、可傾式（傾胴型）ミキサが多い。このタイプ（図-3.7(b)）は、有効練混ぜスランプの範囲が広く、また骨材の粒度の大きいものでも練混ぜが可能である。

　強制式ミキサは、わが国では昭和40年頃より低スランプコンクリートの練混ぜに有利としてその使用が多くなり、近年は、時間当りの製造量を多くできることから採用されることが多い。

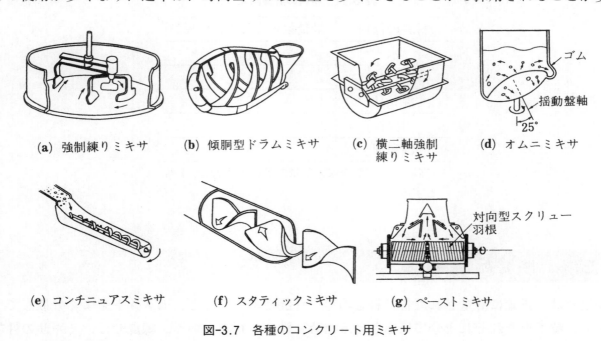

(a) 強制練りミキサ　　(b) 傾胴型ドラムミキサ　　(c) 横二軸強制練りミキサ　　(d) オムニミキサ

(e) コンチニュアスミキサ　　(f) スタティックミキサ　　(g) ペーストミキサ

図-3.7　各種のコンクリート用ミキサ

生コンクリート工場、コンクリート二次製品工場などで多く使用されている。型式としては**図-3.7**(a)に示すパン型のほか、二軸強制型などがある。

その他のミキサには、連続的に材料を入れて練るコンチニュアス（連続式）ミキサ［**図-3.7** (e)］、モルタル専用ミキサ、ペースト用ミキサ、寒冷地においては凍結防止の目的あるいは二次製品用として使用されるホットコンクリート用ミキサ、羽根を使用せずに特殊な材料を練り混ぜるオムニミキサ［**図-3.7**(d)］などがあり、必要に応じて使い分けられている。

3.3.3　材料の計量

材料の計量は、でき上がったコンクリートの性能の変動のもととなる。そのため、できるだけ正確に計量することが大切であるが、製造の時間を短くすると、計量に要する時間も短くすることが必要となる。一般に、計量は練混ぜをしている間に、次のバッチのための準備として行われ、連続して製造することを前提に、1時間あたりの製造量に影響されないように計画される。計量を急ぐと、材料の投入ゲートの微調整が小刻みにできなくなり、これが変動の元となる場合が多い。

材料の計量精度は、JIS A 5308、土木学会標準示方書、JASS 5のそれぞれで定められているが、セメント、水の計量精度は1％以内、混和材は2％以内、骨材と混和剤は3％以内と規定されている（**表-3.11**）。これは、コンクリートの品質に影響の大きい材料の計量精度を小さく規定するものである。

なお、計量精度は計量器の精度を定めたものではなく、計量される材料の精度であり、計量器の容量に対して極端に少ない材料を計量する場合は所要の精度が得られない場合があるので注意を要する。

表-3.11　材料の計量誤差

材料の種類	計量誤差の最大値（％）
水	1
セメント	1
混和材	2[1]
骨材	3
混和剤	3

1）高炉スラグ微粉末の計量誤差の最大値は，1％とする。

3.3.4　練混ぜ

練混ぜは、正確に計量された各材料を均等に「混ぜる」ことと、セメントをよく分散してセメントの粒子をそれぞれ十分に反応させるため「練る」行為をいう。練混ぜは、ミキサの性能

に依存することになり、ミキサの性能は、練混ぜ性能で評価され、練混ぜ性能とは、均等に材料が混ざることをミキサの数箇所の変動から評価し、十分に練られていることは強度発現によるなど、水セメント比の示すとおりにセメントが十分反応していることを確認することにより評価される。

　一般に、練混ぜ性能は、ミキサの形式により定まり、練混ぜ時間が長いほどその効果はよいが、できるだけ短い時間に練混ぜが完了することを目標とする場合が多い。

3.4　コンクリートの運搬

3.4.1　コンクリートの運搬の基本

　練り混ぜられたコンクリートは、時間の経過とともにスランプや空気量が減少し、ワーカビリティーが低下する。そのため、コンクリートの運搬は、コンクリートが材料分離せず、ワーカビリティーなどの性状の変化ができるだけ少なくなるような方法で迅速に行わなければならない。

　この時、コンクリート運搬は、現場までの運搬と場内運搬に分けると考えやすい。ここでは、レディーミクストコンクリートを前提として、荷卸しまでを現場までの運搬とし、荷卸し後の型枠に打込むまでの運搬を場内運搬とする。

　JIS A 5308「レディーミクストコンクリート」では、練混ぜから荷卸しまでの時間を90分以内（ダンプトラックでの運搬の場合60分以内）と定め、購入者と協議の上でその限度を変更することができるとしている。一般に暑い季節にはその限度を短くする。これに対し、コンクリート示方書では練り混ぜてから打ち終わるまでの時間を、外気温が25℃以下の時で2時間、25℃を超えるときに1.5時間を越えてはならないと規定している。したがって、この配分から考えて、場内運搬は30分以内と見込むことになる（**図-3.8**）。

　場内運搬の方法には、バケット、コンクリートポンプ、コンクリートプレーサ、シュート、ベルトコンベヤなどとこれらの組合せがあるが、工事の種類、規模、工期などに応じて経済的な方法を選ばなければならない。いずれの方法にしてもコンクリートは運搬中や荷卸しなどの時点で、材料の分離が起きやすい。そのため、コンクリートはできるだけ鉛直に動かし、ホッパや阻板を適切に用いて分離を防ぐようにしなければならない。

　なお、運搬または打込み中に分離を生じたときは十分に練り直して、均等なコンクリートとして打ち込まなければならない。打ち込んでしまったコンクリートに分離がみられると、粗骨材をモルタルの多い箇所に移動して振動機を用いて均質にするよう配慮する。

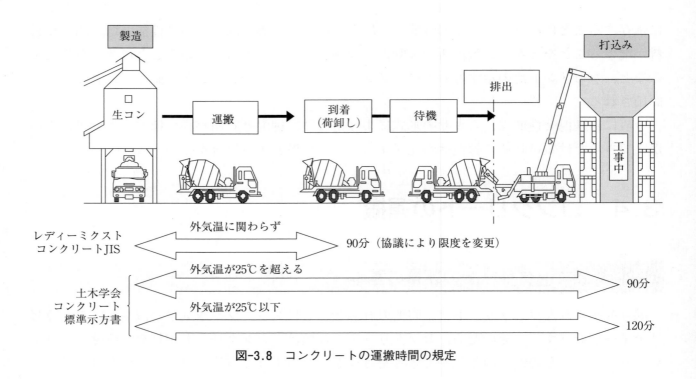

図-3.8　コンクリートの運搬時間の規定

⑴　コンクリート運搬車

コンクリート運搬車には、一般に生コン車といわれるアジテータトラック、トンネル工事で用いられる坑内走行用のアジテータカー、ダンプトラック、ダンパ、ダンプタなどがあり、これらのうち最も一般的なのがアジテータトラックである（**表-3.12**）。

アジテータトラックは生コンプラントから積込んだコンクリートが分離しないようにかくはんしながら走行するもの、トラックミキサはバッチャから計量ずみの材料をそのまま受け、練混ぜを行い、その後アジテートするものである。いずれもトラックシャシの上に回転式ドラムを装着したもので、わが国では生コンクリートを供給するコンクリートプラントが全国に普及したためアジテータトラックが多くなっており、生コン車とも呼ばれている。

アジテータトラックをシャシの車格で分類すると、10〜12t車（最大容量8.9m^3、最大混合容積4.4m^3）、7.5〜8t車（同じく6.3m^3、3.2m^3）4〜4.5t車（同じく3.4m^3）、および2t車（同じく1.6tm^3）とに大別される。近年は、輸送の合理化および大量輸送を目的とした10〜12t車が多く、交通規制を受ける地域および中小工事向けで、かつ大型免許が要らないことから4〜4.5t車が使用されている。

表-3.12　コンクリート運搬用機械

区　　　　　分		標準運搬量	運搬方向	最大運搬距離		主な用途
トラックミキサ	強制式たて胴型	1.0〜6.0 m³	水　平	3,000 m		一般用
	重力式傾胴型					
アジテータカー	自　走　式	1.5〜7.5 m³	〃	〃		〃
	けん引式					
トランスファーカー		3〜9 m³	〃	〃		ダム用
ダンプトラック		1〜6 m³	〃	〃		道路用
コンクリートポンプ	トラック搭載式	30〜90 m³/時	〃	1,180 m		一般用
	定　置　式		垂　直	245 m		
コンクリートプレーサ	プレスクリート	1.5〜7.5 m³	水　平	250 m		トンネル用
	スクリュークリート					
	スピロクリート	7.5〜30 m³/時	垂　直	50 m		
コンクリートタワー		0.45〜0.6 m³	〃	60 m		橋梁・建築用
バケット	タワークレーン式	0.75〜9.0 m³	垂　直（水平）	100 m		ダム用
	ケーブルクレーン式					
	トラッククレーン式					
モノレールトランスポータ						
手　押　し　車		0.05〜0.2 m³	水　平	60 m		小規模工事
ト　ロ　ッ　コ		0.25〜6.0 m³	〃	3,000 m		トンネル用
ベルトコンベヤ	ポータブル式	90〜230 m³/時（ポータブル式）	〃	100 m（ポータブル式）		硬練りコンクリート用
	フィーダ					
	スプレッダ					
ムカデコンベヤ		1.0〜50 m³/時	（45°斜送可）	20 m		小規模工事
ホイスト	エアホイスト	0.2〜2.0 m³	水　平（垂直）	50 m		二次製品工場
	モータホイスト					
シ　ュ　ー　ト		10〜50 m³/時	垂直（水平）	30 m		一般用
吹付け機	湿　式	3〜10 m³/時	水　平	300 m	セミ湿式	トンネル・ダム用
	セミ湿式		垂　直	200 m		

(2) コンクリートポンプ

　コンクリートポンプは、コンクリートを生コン車から直接受けて、これを輸送管およびフレキシブルホースによって打込み場所まで輸送する機械であり、型枠への打込み作業に対して重要な役割を果たす。

　コンクリートポンプはその機構により**図-3.9**のように分類される。形式からは、定置式、トレーラ式、トラック搭載式に分けられ、一般に施工現場の条件に応じて使い分けられるが、現在はトラック搭載式のポンプ車が多く用いられている。

　ポンプ車のうちでは、輸送管を装着した折りたたみのできるブームを備えたブーム付ポンプ車の占める比率が年々高くなっており、最近の生産台数の70〜80％がブーム付となっている。なお、国内でのポンプ車の大半はコンクリート圧送業者の保有となっている。トレーラ式はポンプをタイヤ式トレーラに装着したもので、外国で多く使われているが、わが国では道路事情などの理由から、ほとんど使用されていない。定置式は、一現場の工事で長期間使用するような場合のほか、長距離や高所圧送の中継用などにも使用されている。

　駆動方式からはピストン式とスクイーズ式とに大別され、コンクリートの圧送能力に違いがあるため、配管の長さ、コンクリートの品質、などの条件に応じて使い分けられる。

　ピストン式はピストンの交互作用により連続的にコンクリートを圧送するもので、現在はコンクリートピストンを油圧シリンダで駆動する油圧式が一般的である。水圧式は国内ではほとんど使われていない。

　スクイーズ式は、ポッパからコンクリートをゴムチューブ内に吸込み、しぼり出すようにして圧送する構造のものである。比較的高スランプで最大骨材寸法が25mまでのコンクリートを低所圧送する施工現場で使用されている。

　コンクリートポンプの吐出量は10m³／時程度から100m³／時クラスのものまであるが、一般工事用としては60〜80m³／時クラスのものが多く使われている。また、小規模工事やシールド裏込め用などには5〜10m³／時の小型機種も使用されている。

　吐出圧力はピストン式ポンプでは3〜5N/mm²クラスのものが最も多い。長距離あるいは高所圧送用として7〜10N/mm²以上のクラスのものも使用されている。

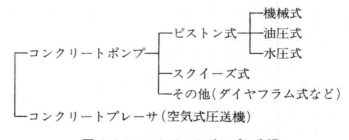

図-3.9　コンクリートポンプの分類

(3) コンクリートプレーサとアジテータカー

　コンクリートプレーサは、空気圧を利用してコンクリートを圧送するものである。**図-3.10**のように汎用コンプレッサを利用してコンクリートを輸送することもある。しかし、空気弁の

調整に熟練を要すること、圧送時の安定面にかなり注意が必要であることなどから、一般工事には現在ほとんど使われていない。トンネル工事の巻立てのコンクリート圧送打設機械としては、レール走行型のものが使用されている。回転ドラムを有するエアクリートやプレスクリートと固定ドラム内部の回転翼により練混ぜ・吐出するスクリュークリートがある。一般に1〜6 m³の容量の機種が多い。

　アジテータカーはトンネル巻立て箇所まで坑内を運搬する機械で、容量3〜6 m³クラスのけん引式のものが一般に使用されている。なお、1回当りのコンクリート運搬供給量を増加させるため、2〜3台のアジテータカーをけん引して打設場所で結合させる方式が大型工事で採用されている。

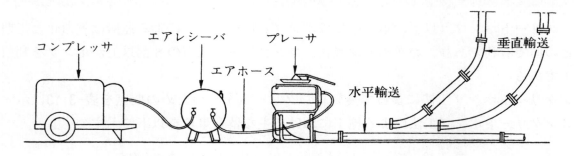

図-3.10　コンクリートプレーサ

⑷　シュート

　シュートは竪シュートと斜めシュートに分けられる。

　竪シュートは漏斗管などを継ぎ合わせでつくり、ちょうちんシュートと称せられている。あまり高いところからコンクリートを下方に降ろすと分離が大きくなり、横方向に移動させるときに漏斗管のすきまからモルタルなどが漏れて、分離が生じることがある。最近では漏斗管はほとんど用いられず、フレキシブルなホースが使用されることが多い。

　斜めシュートは鋼製または鋼板張りで、全長にわたって一様な傾きをもち、大体U字形に近いものが多い。傾斜角度は水平2に対し鉛直1程度が適当である。

　シュート最下端とコンクリート打込み面との距離は1.5m以下とし、分離を防ぐためにバッフルプレートや漏斗管をつけ、漏斗管の下端は打込み面になるべく近くする。

⑸　その他の運搬機械

　その他の運搬方法としては、ダンプトラック、バケット、ベルトコンベアなどがある。

　ダンプトラックは、舗装用コンクリートなどの硬練りのコンクリートを短距離運搬するときに使われることがある。走行中の振動でコンクリートが分離するなどの悪影響があるので、数百メートルの運搬距離になるととくに注意が必要である。

　バケットによるコンクリートの運搬は、コンクリートの品質確保の面からは現在のところ最もよい運搬方法であるといわれている。バケットの運搬方法には、自動車、軌道、ケーブルクレーン、ジブクレーンなどがあるが、クレーンによる方法が、コンクリートに振動を与えず運

搬も便利なため、一般に採用されている。

　ベルトコンベヤは、コンクリートを連続して運搬するのに便利であるが、硬練りコンクリートを水平に近い方向に短距離運搬する場合にしか適用できない。使用に際しては、かえりモルタルなどの損失を防止する装置や、日光の直射、風雨などを防ぐおおいなどを設け、コンベヤの末端には、材料の分離を防ぐため、漏斗管などの設備を設けなければならない。また、コンベヤの末端は、順次移動して一ヶ所からのコンクリートの集中投入を避けるため、移動しやすいような仮設段取りが必要である。

3.4.3　コンクリートポンプによる運搬

　コンクリートポンプ（以下、本文中ではポンプと略称する）による運搬は省力化と工期の短縮などの面で有利であり、わが国では現在、コンクリート工事の８割以上がポンプを利用しての施工である。

　コンクリートポンプ工法によって良いコンクリートを打つための要点を**表-3.13**に示す。なお、コンクリートポンプ工法による施工における主な留意事項を以下に示す。

表-3.13　ポンプ工法による良いコンクリートを打つための要点

区　　分		方　　法
配合	骨材の選定	1.　最大粒径の適正なものを使用する 2.　適正な粒度分布のものを使用する 3.　圧力による吸水の少ないものを使用する 4.　密度のばらつきの少ないものを使用する
	配合設計	1.　適正なセメント量・水量とする 2.　適正な細骨材量とする 3.　良い混和材（剤）を使用する 4.　分離しない程度のスランプとする 5.　流動化剤の使用を検討する
計画	ポンプの選定	1.　吐出量・最大圧送距離を調べる 2.　ポンプの機種・作業性を調べる 3.　圧送会社とオペレータの経験を調べる
	配管計画	1.　配管距離・曲りの数を少なくする 2.　適正な輸送管の径とする 3.　適正な配管支持方法を採用する
打込み	品質管理	1.　受入れコンクリートのスランプを調べる 2.　圧送前後の品質変化を調べる
	打込み作業	1.　プラントと打設時刻の連絡を密にする 2.　打込み順序・方法を適正にする 3.　分離したときの処置を考える 4.　輸送管閉塞時の対処を早くする 5.　コンクリートを連続圧送する 6.　暑中にはその対策を考える

(1)　コンクリート圧送業者の能力の調査

　コンクリート圧送業者が熟練したオペレータを抱えているか、ポンプの保有台数は十分であるか、施工実績はどうかなどをよく調べる。全国コンクリート圧送事業団体連合会が認定しているコンクリート圧送施工技能士の資格を保有する技術者が圧送することを確認し、登録コンクリート圧送基幹技能者が所属する企業であることが望ましい。

　また圧送条件、コンクリートの配合、スランプなどを打設業者に示して施工の要点をよく打合せ、検討する。

(2)　コンクリートポンプの設置位置

　コンクリートポンプ車の設置場所は、打込み場所に近く、生コン車の受入れにも便利な場所を選ぶ。コンクリートを連続圧送するためには、常時2台の生コン車から受入れができるようにしておく。敷地の条件から1台の生コン車からしか受入れができない場合は、生コン車の入替え時間が少なくなるように進入路、生コン車の入替え区域などを考え、できるだけ連続圧送に近くなるようにする。

　ブーム付ポンプ車の使用にあたっては、設置場所とブームの伸長範囲の関係、アウトリガの足場の確保などについても施工前によく検討しておく必要がある。

(3)　配管計画

　配管は、圧送時に数10cm以上の動きを繰り返すので、組み上がった鉄筋や型枠の上に直接配置しないで、**図-3.11**、**写真-3.1**に示すように支持台、脚立などの上に配管する。

　垂直管については**図-3.12**に示すように固定する。やむをえず足場に固定する場合は、輸送管および足場ができるだけ揺動しないような方法で固定し、必要に応じて足場を補強する。

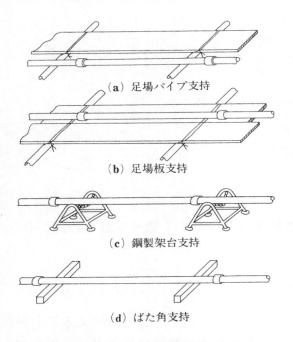

(a) 足場パイプ支持

(b) 足場板支持

(c) 鋼製架台支持

(d) ばた角支持

図-3.11　水平配管の支持方法の例

写真-3.1　ポンプ配管の例（プツマイスター提供）

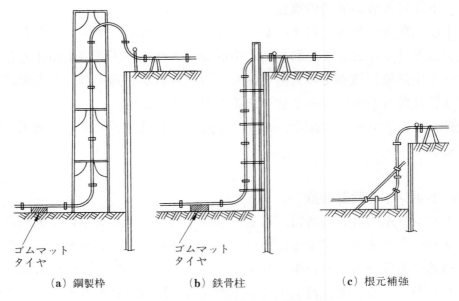

（a）鋼製枠　　　　　（b）鉄骨柱　　　　　（c）根元補強

図-3.12　垂直管の振動防止方法の例

⑷　打設順序

　コンクリートの打設は、**図-3.13**に示すようにポンプ車から最も遠いところから始めるように配管計画をたてる。床版や底版の鉄筋を打込み作業中に乱れないようにするため、ホースの先端を振り回すような無理な打設計画は避ける。また、版上に簡単な道板を設けて作業をしやすくし、鉄筋を踏み荒らすことのないようにする。

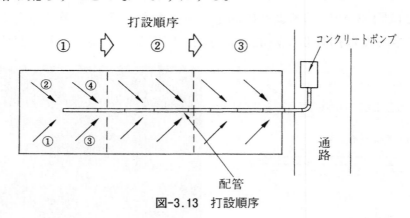

図-3.13　打設順序

⑸　圧送作業の基本

　圧送作業は圧送業者が行うが、現場監督者も圧送作業の基本をよく知っておく必要がある。圧送作業においては次の点に注意する。
１）協力業者との打合せ
　協力業者との打合せ事項は**表-3.14**に示す。
　一般に、コンクリートの圧送はオペレータと吐出のホースマンとの２人だけによることが多い。一方、締固めおよび表面仕上げなどはとび・土工などの仕事の範囲に入るため、作業開始

に際しては作業順序を入念に打合せ、作業中は現場指揮者のもとに連絡を密にとって行う。また、オペレータと先端のホースマンとの連絡は合図や携帯電話などを使用して迅速に行わなければならない。

２）生コン車からの受入れ

　生コン車からポンプ車へコンクリートを受入れるときは、生コンの中に粒径の大きい粗骨材、コンクリート塊、ゴミなどがときどき混入していることがあり、これが輸送管の閉塞の原因になるので、必ず金網を通す。

表-3.14　ポンプ施工の協力業者打合せ事項

協力業者	連絡打合せ内容
各業者共通	1. 打込み日・打込み開始時刻と予定終了時刻 2. 打込み箇所，受入れ場所 3. コンクリートの打設量，打込み速度 4. コンクリートの品質 5. 打込み順序と方法 6. 天候などによる打込み中止のときの連絡方法 7. 安全上の注意事項・その他の現場特殊条件
生コン工場	1. 工場側担当者・現場と工場との連絡方法 2. コンクリートの材料と配合・指定強度など 3. 品質検査の内容，試験の立会い時期 4. 先行モルタルの配合と数量 5. 生コン車の待機場所と水洗場所 6. 当日の出荷状況，非常時の代替工場
圧送業者	1. ポンプの機種，圧送能力 2. 輸送管径と配管経路 3. ポンプオペレータ員数・現場到着の時間 4. 作業中断時・機械故障時の処置 5. ホッパ・輸送管の洗浄場所
コンクリート打設業者 （とび・土工）	1. 打設作業員数と配置 2. 打設器具の機種と数量・整備状況 3. 作業足場・通路・安全防護さくなどの整備 4. 養生方法と養生資材の整備 5. 打設準備の内容，開始時間 6. 余剰コンクリートの処理方法
表面仕上げ業者 （左官）	1. 仕上げ作業員数・使用器具の数量 2. 仕上げ方法・開始および終了予定時間 3. コンクリート天端の表示方法・レベルの設置位置
鉄筋組立て業者 型枠組立て業者	1. 相番の作業員数の配置 2. 打込み中の補修方法
電気工事業者	1. 電気工事の内容，配線経路 2. 場内通信設備
給排水設備業者	1. 給水・排水設備と容量
警備業者（または土工）	1. 生コン車の誘導方法

３）打込み中断時の対策

　作業を中断してもよい時間は、コンクリートの配合や外気温によって異なるが、30分以内とするのがよい。それ以上中断する場合は生コン車を１台待機させておき、コンクリートを小刻みに送り続けるようにする。外気温が高いときは圧送を10分以上中断するとその後圧送が困難になることがあるので、休憩時間をとる必要が生じた場合は、ポンプの機種にもよるが、10分ごとに10～12ストロークでポンプを作動させる。

４）配管の延長作業

　圧送中に輸送管を延長する場合は、延長する輸送管にあらかじめセメントペーストやモルタルを流したり、一度通水を行うとよい。この作業を省略するときは配管延長は１回に３m程度に抑える。

５）圧送が困難な場合の対策

　一般にポンプによる打込みが困難となるのは、①水平で300m以上、②垂直で70m以上、③単位セメント量が270kg/m³以下、④スランプが６cm以下、⑤下向き配管、⑥曲がりが複雑な場合、⑦粗骨材の最大寸法が50mm以上のとき、⑧軽量骨材を用いた場合、などの場合である。このようなときは、①輸送管径を大きくする、②コンクリートの圧送速度を小さくする、③曲がった部分を減らす、④圧送能力の大きいポンプを使用する、⑤中継圧送方式を考える、⑥能力の優れたオペレータを手配する、⑦圧送性の良いコンクリートにする、などのような対策を講じるとよい。

3.4.4　コンクリート圧送計画

　コンクリートの圧送作業は、使用するコンクリートの性質と施工計画に影響されるため、まず使用するコンクリートの性質と施工条件を定め、その条件を満たすコンクリート圧送用ポンプの機種を選定し、計画された施工条件を満足することができることを確認する。圧送計画は、施工がスムーズに進まない場合も想定し、余裕を持った計画としなければならない。

⑴　**コンクリートの性質の確認**

　圧送に影響するコンクリートの性質としては、コンクリートの粘性と材料分離抵抗性がとして挙げられる。コンクリートの粘性は、水セメント比に支配され、水セメント比が小さいほど粘性が高く、圧送負荷が大きくなると考えられる。材料分離抵抗性は、閉塞の原因となり、粉体量（単位セメント量など微粉末材料の量）が多いほど分離抵抗性が高く、閉塞しにくくなると考えられるが、逆に粘性が高くなることを考えなれればならない。使用するコンクリートの配合条件を確認する必要がある。

⑵　施工計画の確認

　施工計画については、1日の総打込み量、全作業時間、打込みの区画と部位、ポンプの設置場所および生コンの待機場所などを確認し、作業効率から計画時の必要な圧送量（実吐出量）を算定する。この施工で必要とされる実吐出量に対して、圧送可能なポンプを選定する。

⑶　**コンクリート用ポンプの機種選定**

　ポンプの機種には、圧送の形式として、ピストン式とスクイズ式があり、ピストン式は高圧で圧送できることから、高所圧送や長距離圧送となる場合などに使用され、スクイズ式は比較的簡易な圧送に使用される。市販のコンクリートポンプの性能表の一例を**表-3.15**に示す。

　施工計画により必要とされる最大の実吐出量は、ポンプの性能表に示されている理論吐出量に機械効率（標準的なコンクリートで80–90％）を乗じて求められ、性能表に示される最大の理論吐出量は必要とされる最大実吐出量以上である必要がある。

　圧送時の管内圧力は、コンクリートの性質により変化し、粘性が高いコンクリートは圧送負荷が大きく、この圧力を超える性能のポンプに選定をしなければならない。また、吐出量により圧力が支配される。そこで、施工計画から水平換算距離を算出し、コンクリートの性質を考慮して圧送負荷を算定し、この圧送負荷に安全率（通常1.25）を乗じて必要とされる理論吐出圧力を求め、これ以上のポンプの性能を有するポンプの機種を選定する。

　水平換算距離の算定方法については、土木学会、日本建築学会、日本コンクリート工学会の指針類を参照されたい。

⑷　**圧送可否の判定による施工計画への反映**

　同一の機種のポンプの場合、**図-3.14**に示すように圧送量を増やすと圧送負荷（管内圧力損失）が大きくなり、圧送負荷がポンプの能力を超えると、圧送量を減らさなければならない。施工時に必要とされる圧送量を確保できる機種が選定できない場合は、機種の変更を検討するか、ポンプの台数を増やす検討も必要である。

　なお、管内圧力により、輸送管にかかる圧力を確認し、許容圧力が4 N/mm²を超える場合は、圧力に応じて、高圧に耐える輸送管を用いなければならない。

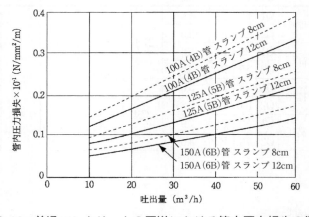

図-3.14　普通コンクリートの圧送における管内圧力損失の標準値

表-3.15　市販のコンクリートポンプの性能一覧（一例）

メーカー	型式（呼称）	ポンプ形式	仕様	理論吐出量（標準／高圧）(m³/h)			理論吐出圧力（標準／高圧）(MPa)			最大油圧 (MPa)	ブーム仕様 型式	最大地上高 (m)	配管径 (A)	水平換算長（水平時）(m)	アウトリガ最大張出幅 前 (m)	アウトリガ最大張出幅 後 (m)	アウトリガ反力 前 (kN)	アウトリガ反力 後 (kN)
加藤製作所	IPG90B-12E26/4	ピストン	—	標準	Q1	45	P1	6.5	30.9	4段M形	25.5	125A	49.0	5.7	3.9	160	145
					Q2	87	P2	3.7									
				高圧	Q1	30	P1	11.7									
					Q2	48	P2	6.5									
	IPG125B-6N33/4（II）	ピストン	—	標準	Q1	55	P1	6.3	30.9	4段M形	32.6	125A	55.1	7.2	7.2	225	240
					Q2	125	P2	4.3									
	IPG135B-6N36/4	ピストン	—	標準	Q1	48	P1	6.5	30.9	4段M形	35.6	125A	62.3	8.5	8.0	240	285
					Q2	135	P2	3.0									
	IPG70B-4N18	ピストン	—	標準	Q1	45	P1	4.2	27.4	3段Z形	16.6	125A	34.7	4.8	1.9	75	80
					Q2	70	P2	2.3									
	IPG70B-5N17W	ピストン	—	標準	Q1	30	P1	4.7	30.9	3段Z形	16.6	125A	33.7	3.9	3.0	90	85
					Q2	73	P2	2.1									
	IPG115B-8E26/4（III）	ピストン	—	標準	Q1	64	P1	4.5	30.9	4段M形	25.5	125A	49.0	5.7	3.9	160	170
					Q2	115	P2	2.7									
				高圧	Q1	41	P1	7.0									
					Q2	74	P2	4.2									
	IPG115B-8E29	ピストン	—	標準	Q1	70	P1	4.6	30.9	3段Z形（伸）	29.2	125A	51.4	6.2	3.2	195	185
					Q2	115	P2	3.2									
				高圧	Q1	35	P1	7.1									
					Q2	70	P2	4.8									
	IPG115B-7E30	ピストン	—	標準	Q1	77	P1	4.5	30.9	3段Z形（伸）	30.0	125A	52.4	7.2	3.9	210	210
					Q2	115	P2	3.1									
				高圧	Q1	49	P1	7.0									
					Q2	74	P2	4.8									
	IPF110B-8E21	ピストン	—	標準	Q1	55	P1	4.6	30.9	3段Z形	20.9	125A	40.0	4.2	3.9	165	120
					Q2	110	P2	2.5									
				高圧	Q1	35	P1	7.2									
					Q2	78	P2	3.6									
極東開発工業	PY120A-36	ピストン	9B	標準	Q1	55	P1	4.6	27.4	4段M形	35.6	125A	61.9	8.2	8.2	240	240
					Q2	120	P2	2.5									
				高圧	Q1	35	P1	6.6									
					Q2	85	P2	3.5									
			8B	標準	Q1	45	P1	5.6	27.4								
					Q2	100	P2	2.8									
				高圧	Q1	30	P1	7.9									
					Q2	70	P2	4.0									

表-3.15 市販のコンクリートポンプの性能一覧（一例）

型式(呼称)	ポンプ形式	仕様	理論吐出量(標準/高圧)(m³/h)			理論吐出圧力(標準/高圧)(MPa)			最大油圧(MPa)	ブーム仕様 型式	最大地上高(m)	配管径(A)	水平換算長(水平時)(m)	アウトリガ最大張出幅 前(m)	アウトリガ最大張出幅 後(m)	アウトリガ反力 前(kN)	アウトリガ反力 後(kN)
極東開発工業 PY120A-33(A,B)	ピストン	9B	標準	Q1	55	標準	P1	4.6	27.4	4段M形	32.6	125A	53.7	6.7	7.4	240	240
				Q2	124		P2	2.5									
			高圧	Q1	30	高圧	P1	7.9									
				Q2	75		P2	4.0									
		8B	標準	Q1	45	標準	P1	5.6	27.4								
				Q2	103		P2	2.8									
			高圧	Q1	40	高圧	P1	6.6									
				Q2	90		P2	3.5									
PY115(A,B)-26(B)	ピストン	9B	標準	Q1	55	標準	P1	4.6	27.4	4段M形	25.8	125A	50.1	5.4	2.4	160	160
				Q2	115		P2	2.5									
			高圧	Q1	35	高圧	P1	6.6									
				Q2	80		P2	3.3									
		8B	標準	Q1	55	標準	P1	5.6	27.4								
				Q2	100		P2	3.0									
			高圧	Q1	35	高圧	P1	7.8									
				Q2	70		P2	4.2									
PY100-26H	ピストン	9B	標準	Q1	72	標準	P1	6.1	29.4	4段M形	25.8	125A	50.1	5.4	2.2	160	160
				Q2	100		P2	5.0									
			高圧	Q1	42	高圧	P1	11.8									
				Q2	55		P2	9.5									
		8B	標準	Q1	57	標準	P1	7.9	29.4								
				Q2	77		P2	6.3									
			高圧	Q1	30	高圧	P1	15.4									
				Q2	43		P2	12.3									
PY75(A,B)-19(A,B)	ピストン	—	標準	Q1	38	標準	P1	3.2	27.4	3段Z形(伸)	18.6	125A	33.0	4.7	3.1	78	78
				Q2	78		P2	1.8									
			高圧	Q1	28	高圧	P1	4.9									
				Q2	55		P2	2.7									
PT70-11	ピストン	—	標準	Q1	42	標準	P1	5.5	27.4	配管車	—	—	—	—	—	—	—
				Q2	73		P2	2.5									
			高圧	Q1	27	高圧	P1	7.9									
				Q2	54		P2	3.4									
PT50-10	ピストン	—	標準	Q1	32	標準	P1	3.2	27.4	配管車	—	—	—	—	—	—	—
				Q2	53		P2	1.8									
			高圧	Q1	23	高圧	P1	4.9									
				Q2	38		P2	3.0									
PH80-26(A,B)	スクィーズ	—	標準	Q1	60	標準	P1	2.2	27.4	4段M形	25.7	125A	48.2	5.4	2.2	160	160
				Q2	80		P2	1.8									
			高圧	Q1	50	高圧	P1	2.5									
				Q2	70		P2	2.2									

表-3.15　市販のコンクリートポンプの性能一覧（一例）

メーカー	型式（呼称）	ポンプ形式	仕様		理論吐出量（標準／高圧）（m³/h）		理論吐出圧力（標準／高圧）（MPa）		最大油圧（MPa）	ブーム仕様 型式	最大地上高（m）	配管径（A）	水平換算長（水平時）（m）	アウトリガ最大張出幅 前（m）	後（m）	アウトリガ反力 前（kN）	後（kN）
極東開発工業	PH65-19（A,B）	スクィーズ	—	標準	Q1	46	P1	1.8	24.5	3段Z形（伸）	18.6	100A	40.9	5.0	1.9	70	70
					Q2	65	P2	1.3									
				高圧	Q1	35	P1	2.2									
					Q2	55	P2	1.3									
	PH50（A,B）-17	スクィーズ	—	標準	Q1	40	P1	1.5	24.5	3段Z形	17.0	100A	36.3	3.6	2.7	70	60
					Q2	50	P2	1.0									
				高圧	Q1	20	P1	2.5									
					Q2	30	P2	2.0									
	PQ45-10	スクィーズ	—	標準	Q1	33	P1	1.8	24.5	配管車	—	—	—	—	—	—	—
					Q2	45	P2	1.3									
				高圧	Q1	20	P1	2.5									
					Q2	35	P2	1.9									
日工	DC-L1100BD-M33	ピストン	9B	標準	Q1	50	P1	5.4	31.4	4段M形	32.6	125A	57.3	7.4（6.5）	7.4	240	240
					Q2	107	P2	3.1									
				高圧	Q1	34	P1	8.2									
					Q2	74	P2	4.7									
			8B	標準	Q1	57	P1	5.4	31.4	4段M形							
					Q2	97	P2	3.4									
				高圧	Q1	39	P1	8.2	28.4								
					Q2	68	P2	5.2									
	DC-L1100BM-M33	ピストン	—	標準	Q1	57	P1	5.4	28.4	4段M形							
					Q2	97	P2	3.4									
				高圧	Q1	39	P1	8.2									
					Q2	68	P2	5.2									
	DC-SL1100BD-M26（三菱ふそう）	ピストン	9B	標準	Q1	50	P1	5.4	31.4	4段M形	25.9	125A	50.5	5.4	5.4	180	180
					Q2	107	P2	3.1									
				高圧	Q1	34	P1	8.2									
					Q2	74	P2	4.7									
			8B	標準	Q1	57	P1	5.4	28.4	4段M形							
					Q2	97	P2	3.4									
				高圧	Q1	39	P1	8.2									
					Q2	68	P2	5.2									
	DC-SL1100BM-M26（三菱ふそう）	ピストン	—	標準	Q1	57	P1	5.4	28.4	4段M形							
					Q2	97	P2	3.4									
				高圧	Q1	39	P1	8.2									
					Q2	68	P2	5.2									
	DC-SL1100BDH-M26	ピストン	—	標準	Q1	45	P1	7.0	26.0	4段M形	25.9	125A	50.5	5.4	5.4	180	180
					Q2	80	P2	3.7									
				高圧	Q1	29	P1	11.8									
					Q2	52	P2	6.2									

表-3.15　市販のコンクリートポンプの性能一覧（一例）

型式(呼称)	ポンプ形式	仕様	理論吐出量(標準/高圧)(m³/h)			理論吐出圧力(標準/高圧)(MPa)			最大油圧(MPa)	ブーム仕様							
										型式	最大地上高(m)	配管径(A)	水平換算長(水平時)(m)	アウトリガ最大張出幅 前(m)	アウトリガ最大張出幅 後(m)	アウトリガ反力 前(kN)	アウトリガ反力 後(kN)
日工 DC-M700BD	ピストン	—	標準	Q1	29	標準	P1	4.9	23.5	3段Z形	15.7	125	36.5	3.8	1.9	100	110
				Q2	70		P2	1.9									
			高圧	Q1	18	高圧	P1	8.0									
				Q2	45		P2	3.1									
シンテック MKW-55CM	ピストン	—	標準	Q1	36	標準	P1	4.3	25.0	配管車	—	—	—	—	—	—	—
				Q2	55		P2	2.5									
シンテック MKW-55CB	ピストン	—	標準	Q1	36	標準	P1	4.3	25.0	3段Z形	16.0	125	45.6	4.8	2.2	57.9	40.2
				Q2	55		P2	2.5									
大一テクノ DCP-35SL-B	スクイーズ	—	標準	Q1	35	標準	P1	1.6	21.0	3段Z形(伸)	14.0	100A	35.5	3.9	—	55	40
大一テクノ DCP-X40	スクイーズ	—	標準	Q1	40	標準	P1	1.7	23.0	3段Z形(伸)	18.5	100A	43.1	4.4	2.8	57	55
大一テクノ DCP-X45	スクイーズ	—	標準	Q1	45	標準	P1	1.7	24.5	3段Z形(伸)	18.5	100A	43.2	4.4	2.8	57	55
大一テクノ DCP-X50	スクイーズ	—	標準	Q1	50	標準	P1	1.7	21.0	3段Z形(伸)	18.5	100A	43.2	4.4	2.8	57	55
プツマイスター BSF36.16H	ピストン	—	標準	Q1	55	標準	P1	8.5	36.0	4段M形	35.6	125A	61.0	6.3	6.3	180	185
				Q2	160		P2	3.0									
プツマイスター BSF28.16H	ピストン	—	標準	Q1	55	標準	P1	8.5	36.0	4段M形	27.6	125A	52.0	6.2	2.5	152	103
				Q2	160		P2	3.0									
			高圧	Q1	35	高圧	P1	13.0									
				Q2	108		P2	4.0									
プツマイスター BSF2110HP	ピストン	—	標準	Q1	37	標準	P1	15.0	36.0	配管車	—	—	—	—	2.5	—	—
				Q2	106		P2	5.2									
			高圧	Q1	25	高圧	P1	22.0									
				Q2	69		P2	8.0									

3.5　コンクリートの打込み

3.5.1　打込みの計画

　打込み作業の基本は、型枠内にコンクリートを均一にすみずみまで連続して打ち込み、十分に締め固めることである。

　コンクリートは、コンクリートプラントであらかじめ決められた配合どおりのものが練り混ぜられ、現場に遅滞なく運搬されてきても、正しい打込みがなされない場合は、構造物として不完全なものとなる。このため、打込み計画を事前に念入りに検討しなければならない。なお、打込み計画の作成に際しては、関連業者と緻密に打合せ、外気温や気象条件も十分に考慮する。

　コンクリートの打込みは、コンクリートの現場内の運搬に伴って行われるため、運搬機械の運搬容量、運搬距離・運搬速度のほかに、①材料が分離せず、スランプ・空気量などの品質変化が少ないこと、②水分が急激に蒸発したり、多量に流出したり、粗骨材やモルタルが飛散しないこと、③打込み速さに応じた運搬量・運搬時間を確保すること、などを念頭に入れて計画をたてる。

　そして、運搬の方法や外気温によってスランプ、空気量、流動性などは経時的に変化するので、これらの点を考慮して計画を立案する必要がある。

3.5.2　打込み作業の基本

　コンクリートの打込みが適正に行われないと、豆板・砂すじなどの欠陥が生じ、部分的に品質が異なる構造物となってしまうので、コンクリートの打込みは、あらかじめ入念にたてられた計画に従い、丁寧に行わなければならない。

(1)　打込み準備

　打込みに際してあらかじめ行っておかなければならないことは、①型枠の位置・寸法、および打設中に大きな変形や破損を生じるおそれのある箇所の点検、②型枠へのはく離剤の塗布と付着物の除去、③バイブレータなどの機械器具類の点検と整備、および思わぬ故障の発生に備える意味での予備の機械器具の用意、④運搬装置の内部に固着しているコンクリートや泥などの除去、⑤型枠内の木片、木くず、コンクリートのガラなどの掃除とたまり水の排水、⑥コンクリートが凍結するおそれのない場合の型枠への散水、⑦土留め工事を行ってコンクリートを打設する場合の地下水流入防止対策、などである。

(2)　均一にコンクリートを打ち込むための方法

　構造物は部分的に強度が小さな箇所があれば、その部分で破壊を受けるので、均一なコンクリートとする努力が大切である。均一にコンクリートを打ち込む方法は次のとおりである。

ａ）コールドジョイントの防止（第5章5.2.3(1)参照）

　各層間にコールドジョイントが生じないようにコンクリートの許容打重ね時間間隔（一般的にはコンクリートを打ち込み後2時間程度）以内に次の層を打ち重ねる。

ｂ）柱・壁とはり・床版との取合い部の施工

　高い柱・壁とはり・床版との取合い部分は連続して打ち込まないほうがよい。これは柱や壁のコンクリートを急速に打ち重ねると、この部分の沈降が大きく、引き続いてはりや床版のコンクリートを打設すると、その取合い部分にひび割れが生じるためである。このような場合は、柱・壁のコンクリートを打ち込んでから1～2時間後にはりや床版のコンクリートを打ち重ねる。

　なお、コンクリートの沈降量はコンクリートの配合・打込み高さ・型枠・配筋状態によって異なるが、目安としては普通コンクリートの場合で、スランプ10cmのとき打設高さの0.3～0.5％、スランプ20cmのとき0.6～0.9％程度である。

ｃ）適正な打上り速度の管理

　打上り速度は大きいほうが仕上りの美観がよい。しかし高い柱や壁の場合は、打上り速度が大きいと側圧が大きくなるとともにブリーディングと沈降が大きくなり、上部のコンクリートの品質が低下する。したがって仕上り速度は通常30分につき1～1.5m程度とする。

ｄ）適正な打込み順序の管理

　コンクリートの打込みは、ポンプ車や生コン車の位置より遠い区画から開始し、次第に手前に近づくようにする。この方法によれば、圧送時の配管を順次短くして、一度打ち込んだコンクリートを乱さないで施工できる。

ｅ）型枠・鉄筋に対する配慮

　打ち回しを行う場合、まだ、打設が終わっていない部分の型枠・鉄筋などに付着したコンクリートは確実に取り除かねばならない。さもないと図-3.15に示すように打ち回して戻ってきたときに、空隙が生じたり、硬化した後はく落したりする。また、鉄筋や型枠などを打込み中に動かしたならば、ただちに正しい位置に戻す。

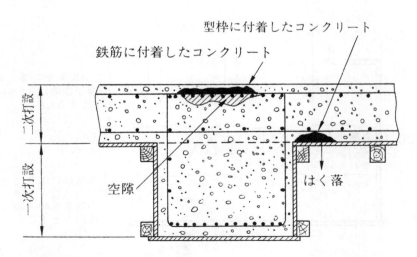

図-3.15　型枠・鉄筋に付着したコンクリートによるトラブル

⑶ 材料分離を生じさせないための打込み方法

　現場に到着したコンクリートがどんなによく練り混ぜられていても、打込み方法を誤ると、そこで水、モルタル、粗骨材などの材料分離が生じて不均一なコンクリートとなってしまう。この材料分離を防ぐための打込み方法は、次のとおりである（**図-3.16～図-3.18**）。

ａ）横流し移動距離の短縮

　打ち込んでからの移動距離がなるべく小さくなるようにコンクリートを打込むのがよい。型枠内の１箇所にコンクリートポンプの筒先をずっと固定したまま打ち込み、バイブレータで横流しすることは避ける。壁の場合はその頂部に２～３ｍ間隔にたて型シュートと小型ホッパを配置し、ホースの先端をこきざみに移動させ、コンクリートの天端ができるだけ水平に上昇するように打ち込む。このとき、ホース内のコンクリートが落下すると骨材の多い箇所ができる場合があるので、フレキシブルホースの先端は水平に保ちながら移動させるように配慮する。

ｂ）高所からの打込み方法

　高い壁や柱の場合は、頂部からそのままコンクリートを投入すると分離して落下する。とくに型枠や鉄筋にコンクリートが当たると分離は著しい。このためホッパにたて型シュートやフレキシブルシュートを接続して打ち込む。また、吐出口からコンクリート打込み面までの高さは1.5m以内とする。なおたて型シュートの断面は、ポンプ配管の断面よりかなり大きくしておかないとつまりやすい。

　壁や柱のコンクリートは上部に打ち上がるに従い分離した水がたまってくるので、この水を取り除くとともに、できればスランプの小さい配合に変更するとよい。

ｃ）材料分離が生じたときの処置

　打込み中に粗骨材が分離してしまった場合、分離した粗骨材はモルタル分の多いコンクリート中に埋め込み、バイブレータを十分にかける。これとは逆にコンクリートを分離した粗骨材にかぶせてはならない。コンクリート表面に浮かび出た水（ブリーディング水）は適当な方法で取り除き、その上にコンクリートを打ち重ねてゆく。

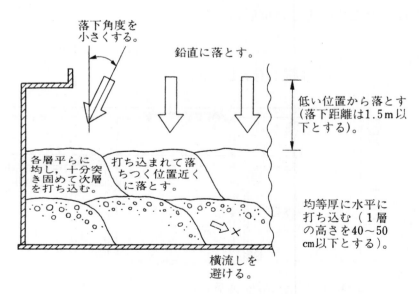

図-3.16　コンクリートの打込み要領(1)

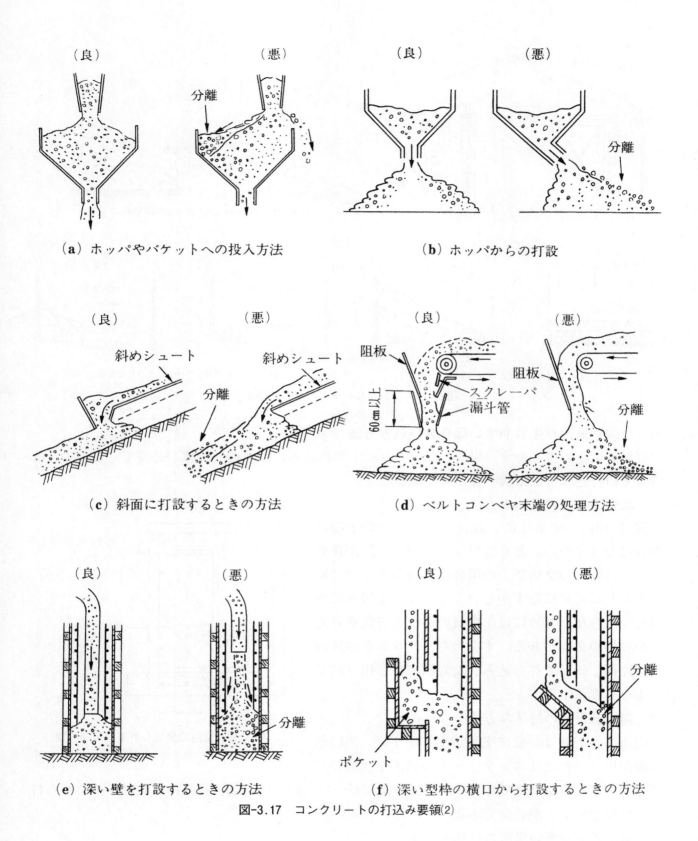

（a）ホッパやバケットへの投入方法　　　　　　（b）ホッパからの打設

（c）斜面に打設するときの方法　　　　　　（d）ベルトコンベヤ末端の処理方法

（e）深い壁を打設するときの方法　　　　　（f）深い型枠の横口から打設するときの方法

図-3.17　コンクリートの打込み要領(2)

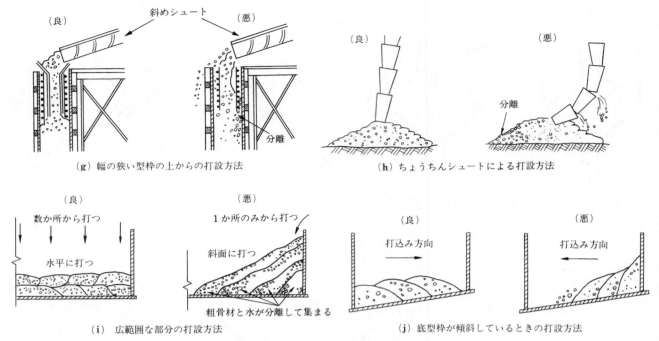

（g）幅の狭い型枠の上からの打設方法

（h）ちょうちんシュートによる打設方法

（i）広範囲な部分の打設方法

（j）底型枠が傾斜しているときの打設方法

図-3.18　コンクリートの打込み要領(3)

(4) 空洞や気泡が生じやすい場合の打込み方法

空洞や気泡の生じやすい場所のコンクリートの打込みには特別な配慮が必要で、このような場所での打込み方法は次のとおりである。

a) 鉄骨の近くの打込み方法

図-3.19に示すように、鉄骨のフランジの下端は空洞になりやすい。とくにフランジ幅（w）が鉄骨かぶり（D）の2倍以上の場合は、空洞を完全に無くすことは非常にむずかしい。このような場所で空洞をつくらないためには、空気の逃げる方向を考えながら打つ必要がある。すなわち、フランジの片側から片押しにして打ち込み、反対側に押し出されてくるのを確認する。

b) 開口部近くの打込み方法

開口部の下側は一般に空洞が生じやすい。開口部の幅が短い場合にはコンクリートの側圧を利用して

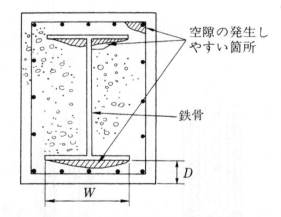

図-3.19　空隙の発生しやすい箇所の例

一方から流し込んで充てんし、開口部の幅が長い場合には中央部に投入口を設け、ここから打ち込むなどの工夫が必要である。

c) 水平鉄筋が多い場所の打込み方法

水平鉄筋の下側は、コンクリートの沈降やブリーディングによって空隙が生じやすい。この場合、コンクリートはできるだけ硬練りとするほか、短い間隔でバイブレータをかけ、入念に充てんを行う。

d）傾斜した型枠内への打込み方法

　側型枠が傾斜している壁面のコンクリートなどでは、気泡や空隙が多くなり、表面の美観をそこなうことが多い。これはコンクリートに振動を与えたときに抜ける気泡や、ブリーディングの上昇に伴う水隙によるものである。このときできる表面気泡は、その分だけかぶり厚さが小さくなるため、できるだけ少なくする配慮が必要である。表面気泡の防止には、コンクリートを打ち重ねる一層の高さを小さくして十分に振動を与えるか、**写真-3.2**に示すようにスペーディングにより気泡を追い出すことが必要である。

写真-3.2　スペーディングによる表面気泡の防止
出典：㈱らくーだHPより

3.6　コンクリートの締固め

3.6.1　締固めの基本

　コンクリートは型枠内のすみずみまで行きわたらせ、打込み直後に十分締め固めなければならない。適切な締固めはコンクリートの強度、耐久性、水密性などを向上させる。

　コンクリートの締固め方法には、振動機を用いる方法のほかに、突固め、タンピングなどの手突きの方法があるが、内部振動機による振動締固めが最も効果的である。薄い壁の場合などで内部振動機による締固めが不可能な場合に、型枠振動機を用いることもあるが、振動の伝わる範囲が狭いので、満遍なく振動を与えることに配慮する。

　コンクリート振動機は、練り混ぜたコンクリートに適度の振動を与え、内部に巻き込まれた余分な気泡を除去し、密実なコンクリートとするためのものである。

3.6.2　振動機の種類と選定方法

(1)　コンクリート振動機の種類

　コンクリート振動機の振動源には、偏心重錘を原動機で回転させることによってその遠心力を利用するもの、ピストンの往復運動を利用するもの、回転数が少なく、振動数がその3～4倍になる遊星運動方式によるものなどがある。

　適用方法からは、内部振動機、型枠振動機、表面振動機、テーブル振動機に分けられる。

　内部振動機はコンクリート中に振動機を挿入して直接振動を与えるもので、振動部が円筒形の棒状振動機と呼ばれるものが最も多く使用されている。発振体は振動部に内装されており、原動機との結合方式によりフレキシブル型、直結型、内臓型（モータインヘッド型）とに分けられる。フレキシブル型は振動棒と原動機の間をフレキシブルシャフトによって連結されたもの、電動機、エンジン、エアモータなどにより作動させる。直結型は振動棒と原動機とを直結したもので、電動機またはエアモータにより作動させる。一般に小型軽量で作業が容易な機種が多い。

　内臓型は振動棒の内部に発振体とモータを組み込み、ホースまたはコードの保護管を持って作業する。電気式は、低電圧の200／240Hzの高周波電源を使用する高周波モータ内蔵のものが多く用いられている。質量が小さく、取扱いが容易なので、現場打ちコンクリートの締固めに多く用いられるようになった。

　型枠振動機は、型枠の外部に取付けるのか、または手で押付けてコンクリートに振動を与えるもので、建物の壁、トンネル、橋梁、工場での各種コンクリート製品の製造に用いる。

　表面振動機は、コンクリートの表面から振動を与えて締め固めたり、表面を平らに仕上げたりするもので、エンジン直結式で手持型のものが、道路舗装、床などの締固めに使用されている。

　テーブル振動機は、型枠を振動テーブルの上に乗せて、型枠とコンクリート全体を振動させるもので、主として工場でコンクリート製品の製造に使用されている。

(2)　内部振動機の選び方

　内部振動機（以下、本文中ではバイブレータと称する）の機種が不適切であると締固めが不十分になり、また施工能率も低下する。小型のものは持ち運びに便利であるが、締固め効果は小さい。大型のものは効果は大きいが、移動させにくい。現場の状況とコンクリートの打設速度に応じて適切な選択が必要となる。バイブレータは振動数が大きいものほど効果的である。**表-3.16**は内部振動機の種類の一例とその影響範囲を示すものである。これらの値を参考に機種を選定するとよいが、比較的広い場所で作業する場合は、大型のもので振動数が大きいものが望ましい。なお、市販の内部振動機の振動数は8,000～12,000rpmのものが多い。

表-3.16　内部振動機の影響範囲

振　動　機			影響半径(cm)		
分　類	棒　径 (mm)	振動数 (rpm)	スランプ(cm)		
			5	10	15
小　型	38	8,000	10	12	15
大　型	60	8,000	17	20	25
	60	12,000	22	35	50

3.6.3　振動機の使用方法

　バイブレータによる締固め作業は、作業員まかせきりになってしまうことも多いが、作業員は広範囲に目が届かず、コンクリート打設全域の状況を判断できないので、現場監督者はバイブレータのかけ方に注意し、締固め不十分と考えられる場所などを作業者に随時教える必要がある。以下に、バイブレータによる締固め作業の注意点を述べる。

(1)　電気系統の安全性の確認
　バイブレータは、手荒に使用され、使用場所の環境も悪いので、感電事故を防止するため打込み作業開始前に安全性の確認を行う必要がある。とくにバイブレータ本体のほか、付属コードの絶縁被覆、接続端子のゆるみなどに注意する。

(2)　バイブレータの所要台数の準備
　バイブレータの締固め能力は、小型のもので $4 \sim 8\,\mathrm{m}^3$／時、大型のもので $15\mathrm{m}^3$／時程度である。したがって時間当りのコンクリート打設量から必要とする数のバイブレータを準備し、また予備のバイブレータも用意しておく。

(3)　振動をかける時間
　振動をかける時間は、バイブレータの性能にもよるが、コンクリートの沈下が落ち着き、表面にセメントペーストが薄く浮き上がり、光沢が認められ始めるまでを目安とするが、通常は $5 \sim 15$ 秒間である。硬練りの場合に長く、軟練りの場合に短くする。

(4)　バイブレータのかけ方
　バイブレータは、**図-3.20**に示すように、40〜50cm以下の間隔で前層に10cm程度バイブレータの振動棒の先端が入るまでできるだけ垂直に挿し込み、所定の時間振動させた後、バイブレータの穴を残さないようにゆっくりと引き抜く。

　締固めを行う1層の厚さはバイブレータの振動機の長さより小さくするが、一般に40〜50cm程度である。

　バイブレータは、コンクリート中を横に引きずって移動させたり、鉄筋や型枠に直接当てて振動させてはならない。また型枠・アンカー・鉄骨などの近辺や、鉄筋間隔の狭い部分は、一般の場合より振動間隔を長くする。

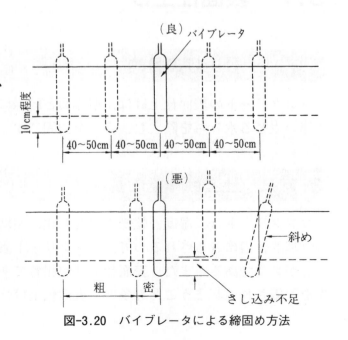

図-3.20　バイブレータによる締固め方法

(5) 浮き水の対策

　振動によって水が多量に浮き上がってくる場合は、バイブレータをかける時間を少なくするよりも、コンクリートの配合を変えてブリーディングの少ないコンクリートとするとよい。

　なお、コンクリートの表面に砂すじが見られるのはバイブレータのかけ過ぎと考えられるが、かけ過ぎだけでは砂すじはできない。軟らかいコンクリートが沈降するとき、分離した水が型枠に沿って上昇し、その跡に砂が洗われたときに砂すじができる。

(6) 打込み中断後の対策

　打込みが中断し、コールドジョイントが発生するおそれがあると考えられる場合は、コンクリートの振動可能な時間内に打込みを再開し、新しく打ち重ねたコンクリートとともに前に打ち込んだコンクリートにもバイブレータをかけ、一体に締め固める。なお、振動可能な時間は、一般にプロクター貫入抵抗値が$0.01 \sim 1.0 N/mm^2$以下の時である。これは普通セメントで練上り後3〜4時間経過（20℃）したときと考えてよい。

(7) 再振動が必要な場合

　鉄筋などの埋設物や段差のある型枠などによって、コンクリートの沈降の大きさが異なる場合、沈下ひび割れが生じる場合が多い。このような時は、締め固めて一定の時間を経過させた後、再振動することが有効である。また、ブリーディング水が多い場合は、鉄筋や骨材の下面に集まった水が水隙になり、水密性や耐久性を損ねることになるので、再振動により内部の水を追い出すことが必要である。再振動の時期は、振動により軟らかさが戻る時期までとし、その範囲内でできるだけ遅いほうがよい。

3.7　表面仕上げ

3.7.1　仕上げの目的

　コンクリートの表面仕上げは、型枠面と同様に平滑にすることと、ブリーディング水やそれに伴い生じる水みちを除去し、表面を強固にすることが目的である。

3.7.2　仕上げ作業の基本

　コンクリートは、湿度、乾燥、温度変化、凍結融解などの気象作用や、すりへり、衝撃などの物理的作用にさらされるので、コンクリート表面を強固にし、水密性や耐久性を大きくすることが必要である。また、表面仕上げが粗雑であると美観が損なわれるだけでなく、工事の優劣を評価されてしまうことも多い。表面仕上げ作業の基本を以下に述べる。

(1) コンクリートの均し方法

打設されたコンクリートの天端が仕上げ面より高い箇所は、タンパなどでたたいて低くするか、コテなどで削りとる。低い箇所はモルタル分の多いコンクリートを打ち足す。なお、コンクリート表面を必要以上にたたきすぎるとモルタルやブリーディング水が表面に浮び上がり、仕上げが逆にやりにくくなり、またその部分のコンクリート強度が低下する場合があるので注意を要する。

(2) 表面仕上げの時期とブリーディング水の処理

表面仕上げは、均し面に浮き出るブリーディング水が出なくなった時点で、ブリーディング水を処理した後に行う。表面を均した後に発生したブリーディング水は、表面の乾燥防止に役立つので自然に蒸発するのを待ったほうがよい。ただし、表面のセメント分を流れさせるほど浮き出てきた場合は表面にレイタンスや細かいひび割れができたりするので、スポンジや布などをあてがって吸い取って仕上げを行う必要がある。ブリーディング水が出ている時点では、仕上げ作業をするのは早すぎると考えてよい。

(3) 表面仕上げの方法

表面仕上げは木コテで行うのがよい。金コテを用いると、表面仕上げが不十分であるにもかかわらず、よく行われたように見えるので注意を要する。過度のコテ仕上げをすると表面にセメントペーストが集まり、収縮ひび割れが発生したり、表面にレイタンスができて、すりへりに対する抵抗性が劣る。

乾燥したセメントをまいて表面仕上げを行うと乾燥収縮によるひび割れが発生しやすくなる。また、水をまいて練り直して表面仕上げを行うとコンクリート表面の強度が低下するので、絶対に行ってはならない。

(4) 初期ひび割れの対策

コンクリートの打込み後、直射日光や風により急速に水分が蒸発した場合や、鉄筋や型枠などによりコンクリートの沈降が妨げられた場合は、仕上げ面にひび割れが発生する場合が多い。このため、コンクリート打込み後、表面仕上げをやり直すことができる時間（1〜3時間）の範囲内に仕上げ面を検査し、ひび割れを発見したら再度仕上げをやり直したり、ひび割れ上面をたたいてひび割れを消すとよい。

(5) 美観がとくに求められる構造物の場合

橋梁の高欄や建築物などのように、とくにコンクリート表面に美観が求められる場合には、表面仕上げ後、表面の水光りが消え、指で押してもコンクリート面がくぼまなくなったときに、金コテで強く押し付けながら仕上げる。

3.8　コンクリートの養生

3.8.1　養生の目的

　コンクリートの養生の目的は、①湿潤状態に保って強度と水密性、耐久性を増強する。②適切な温度にして水和反応を促進させる。③振動・衝撃・荷重などの外力から保護することである。養生は非常に重要な作業であり、工程上の制約などによっておろそかにしてはならない。

3.8.2　養生方法の分類と選択

　養生方法は、その目的により湿潤養生、保温養生、給熱養生などに大別される。

(1)　湿潤養生

　湿潤養生には、①コンクリートに水分を補給する給湿養生、②コンクリート中の水分の蒸発を阻止する被膜養生がある。

a）給湿養生

　給湿養生は、最も一般的な養生方法で、散水、湛水、湿砂、湿布、ぬれむしろなどによる方法がある。

　コンクリートの打込み後の若材齢時の養生はとくに大切で、この時期にコンクリート表面が乾燥して内部の水分が失われると、セメントの水和反応が十分に進まなかったり、表面の急激な乾燥によるひび割れが生じることがある。また、この養生の期間は、長いほどよいが、一般的に工期の制約をうけることが多い。コンクリート示方書では、コンクリートの湿潤養生時間の標準を**表-3.17**のように示している。

b）膜養生

　膜養生は、コンクリートから水分を蒸発させないように不透水性シートで表面を覆ったり、膜養生剤を表面仕上げ後あるいは脱型後に露出面に塗り付け、コンクリート表面からの水分の逸散を防ぐ方法である。

　膜養生剤には、油脂系、樹脂系のものがあり、溶剤に溶かしたり、乳剤として用いられる。夏期は白色のもの、冬期は黒色（有色）のものがあり、直射日光による温度上昇の点で効果が

表-3.17　コンクリートの湿潤養生期間の目安
（コンクリート示方書【施工編】2023年制定）

日平均気温	早強ポルトランドセメント	普通ポルトランドセメント	混合セメントB種	中庸熱ポルトランドセメント	低熱ポルトランドセメント
15℃以上	3日	5日	7日	8日	10日
10℃以上	4日	7日	9日	9日	＊
5℃以上	5日	9日	12日	12日	＊

ある。塗布量が少ないと養生効果が劣るため、約4l/m^{2}以上塗布するほうがよい。

c）保温養生と給熱養生

保温養生はコンクリートを硬化に適した温度に保つもので、給熱養生は気温が著しく低い場合に、水和作用に必要な温度を保つためと短期に強度を発現させるためのものである。この養生には、蒸気養生、電気養生、電熱養生、高温加圧養生、オートクレーブ養生などがある。

3.8.3　工事現場で用いられる養生

(1)　工事現場で実施可能な養生の種類と方法

表-3.18は現場で実施されている養生方法とその特徴を示したものである。養生方法は、構造物の種類で大きさ、養生面が水平の鉛直か、などにより、それぞれ実施可能な方法は限られており、最も適した方法を採用しなければならない。

a）給湿養生

コンクリートに直接散水すると表面に傷がつくような強度の低いコンクリートの場合は、人力によりスプレーで水を噴霧する。

乾燥が激しい場合には散水養生の効果がムラになりやすいので、形式的な散水にならないように注意する。人力による散水よりスプリンクラーによる自動散水の方が望ましい。

シート養生は、まずコンクリートに十分散水し、その上から表面に密着するようにシートをかぶせる。水の補給は1日に1回以上行う。

ぬれマットなどによる養生は、マット、麻布、むしろなどでコンクリート表面を多い、その上から散水するが、散水が不足すると、逆に覆いがコンクリートの水分を吸収してしまうので注意を要する。

湛水による養生は、スラブなどの周囲の型枠をあらかじめ高くしてコンクリート表面に水を張る方法で、水深は最低2～3cmとする。なお、凍結のおそれのあるときはこれより大きくする。

木製型枠の場合で、気温が高く、乾燥が激しいときは、型枠にも散水するとよい。

b）被膜養生

被膜養生は気温が高いと効果が小さいので、他の養生方法に変更する。

不透水性シートによる被膜は、養生水が得られない場合などに用いるが、シートの継目を十分に重ね合せたり、風に飛ばされないようにする。膜養生剤を用いる場合は、コンクリート表面の仕上げ完了後、できるだけ早い時期に膜養生剤の散布（塗布）を行うようにする。材齢初期の乾燥防止には有効である。

c）保温養生

シートによる保温養生は、コンクリートの露出面、開口部、型枠の外側をシート類でおおう方法である。シート養生は外気温が0℃以下に下がるときなどに使用されるが、著しく外気温が低いときは給熱が必要である。

断熱材による養生は、コンクリート表面に断熱マットを敷いたり、発泡ウレタン、発泡スチ

ロールなどの断熱材を張り付けた型枠を用いるもので。外気温があまり低くなり（0℃程度）、部材寸法がある程度大きい場合に効果がある。

ｄ）給熱養生

給熱養生は、コンクリート露出面、開口部、型枠の外側をシート類で覆い構造物の内側を暖めたり、構造物の周囲全部をシートなどで覆って暖める方法である。

ジェットヒータなどによる燃焼ガス噴射空気加熱養生は、機器の取扱い・移動が容易で、かつ効果も高いが、燃焼ガスを室内に放出するため空気が汚染され、また温度分布も不均等になるのが欠点である。なお、乾燥を防止する配慮も必要である。

石油ストーブなどによる直接空気加熱養生も手軽な養生方法で、小規模工事に向いており、前者よりも空気の汚染が少ない。

熱風炉などによる間接空気加熱は、自動運転ができ、効果も高いが、装置が大きく、移動が困難なので大きな現場に限って使用される。

アイランプなどによるふく射熱は、取扱いが容易で、屋外でも使用できるが、影になる場所の養生が困難である。

温床線などによる熱線加熱養生では断熱マットを併用し、コンクリートの熱伝導率を考えて適当な間隔に熱線を配置する。

(2) 地域と養生方法

全国的に養生方法はあまりかわらないが、北海道・東北・北陸などの寒冷地域は、散水した後にシート類でおおい、ジェットヒータやストーブなどによる給熱養生を採用している。これ以外の温暖な地域では、シートや養生マットでコンクリート面をおおう保湿養生が主体である。寒中時における養生方法の実施例を**図-3.21**に示す。

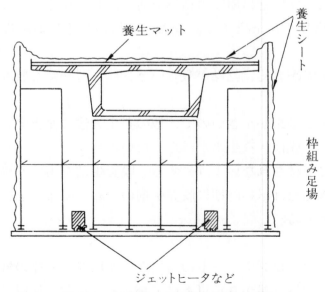

図-3.21　高架橋工事の寒中養生の一例

表-3.18　養生方法と特徴

分　類		養　生　方　法　と　特　徴		
湿潤養生	給湿養生	**噴　霧**	直接散水するとコンクリート表面を傷つける場合には，人力によりスプレー等で水を噴霧して表面の乾燥を防ぐ。		
		散　水	気象条件によって乾燥が激しく，散水の効果がムラになりやすい。形式的な散水にならないよう注意する。人力による散水より，スプリンクラー等による自動的な常時散水がよい。		
		シートによるおおい	コンクリートに十分散水し，その上から表面に密着するようシートをかぶせる。水の供給は状況に応じて1日1回以上する。		
		ぬれマット，湿布，ぬれむしろなどによるおおい	マット，麻布，むしろ等でコンクリート表面をおおい，その上から散水する。湿分を維持する確実な方法。散水が不足すると，かえっておおいがコンクリートの水分を吸水するので注意する。		
		湛　水	スラブ等の周囲の型枠をあらかじめ高くして，コンクリートの表面に水を張る方法で，非常に効果がある。水深は最小2〜3cmで，凍結のおそれがあるときは水深を大きくする。		
		型枠への散水	木製型枠を使用し，気温が高く乾燥が早い場合に型枠に散水する。硬質ビニル管に孔をあけ，水を噴出させる方法が容易で効果的である。		
	被膜養生	不透水性シートによるおおい	コンクリートからの水分の蒸発を防ぐ方法で，養生水が得られない場合や養生作業の能率を向上させたい場合に用いる。シートの継ぎ目は十分に重ね合わせたり，風に飛ばされないようにする。気温が高いときは効果が劣る。		
		膜養生剤の散布（塗布）	コンクリートの表面仕上げ終了後，できるだけ早い時期に膜養生剤を散布し，水分の蒸発を防ぐ。ごく初期の乾燥防止には有効である。気温が高い場合には効果が減退する。		
保温養生		シートによる保温	コンクリート露出面，開口部，型枠の外側をシート類でおおう。外気温が0℃以下になるおそれのある場合に用いる。気温が著しく低い場合には，適温に保つことは不可能となる。		
		断熱材による保温	コンクリート表面に断熱マットを敷いたり，発泡ウレタン，スチロール等の断熱材を張り付けた型枠を用いる。外気温があまり低くなく（0℃程度），ある程度部材の寸法が大きい場合には有効である。		
給熱養生		ジェットヒータ等による燃焼ガス噴射空間加熱	1）コンクリートの露出面開口部，型枠の外側をシート類でおおい，構造物の内部を加熱する。 2）構造物の周囲を全部シート類で囲み加熱する。 3）構造物の周囲を全部シート類で囲み，加熱を行って，構造物まわりの気温をも所定の温度に保ち，その中で施工する。	燃焼ガスを室内に放出するため熱効率は良いが，労働環境が汚染される。小型の割に放熱量の大きいのは特徴だが温度分布は悪くなる。取扱い，移動が容易。	ジェットヒータ，マスターヒータ，ジムバーナ，サラマンダ，など
		石油ストーブなどによる直接空間加熱		手軽な暖房法として小規模向き，汚染小。ふく射放熱量が多く，作業，養生ともに適。	石油ストーブ（煙突付）
		熱風炉などによる間接空間加熱		送風機を内蔵し，風量大。フレキシブルダクトで任意の場所に供給可。装置が大きく移動困難なので大現場向き。	熱風炉
		アイランプなどによるふく射熱加熱		取扱いが簡便，暖房の応答速度大，屋外でも使用できる。障害物があると陰の暖房ができない。ふく射効率のよいものを選ぶとよい。	アイランプ，遠赤外線ヒータ，など
		蒸　気		湿潤状態が理想的である。ダクトで任意の場所に供給可。装置が大きく移動困難。2次製品などの生産向上のために使用。	
		温床線などによるコンクリート線加熱	必ず断熱マットを併用し，コンクリートの高熱伝導率を利用して適当な間隔に配置する。温度調節容易。		温床線，水道用テープヒータなど

3.8.4　養生計画と管理方法

⑴　養生計画

　養生計画に際しては打設時および打設後4週間までの平均気温、湿度、風などの気象条件を各種データにもとづいて予測し、これらの条件の急変に対する対処を考えるとともに、養生作業に必要な人員と費用を確保しておくことが大切である。

⑵　養生管理

　養生の作業記録を作成して、作業の経過があとになっても明らかになるようにしておくことが大切である。また寒中や暑中の施工の場合には、コンクリート温度を測定・記録しておくことが望ましい。

3.8.5　暑中および寒中の養生作業

⑴　暑中の養生

　暑中は日射がきびしく、表面からの水分の蒸発が激しい。さらに、風が強いと蒸発はますます大きくなる。このため初期乾燥収縮を起こし、ひび割れが発生する。したがって暑中コンクリートは、打込み直後のコンクリート表面からの水分の蒸発を防止するための養生が必要である。

　暑中の養生の一般的な方法としては、まず表面仕上げ終了直後からスプレーやホースなどで水を噴霧して、湿潤状態に保つとともに、風をさえぎる被膜養生を行う方法が多く採用されているが、暑中は表面の凝結・硬化が早いので実施するタイミングを失わないことが大切である。また、養生を実施した後も、乾燥が激しいので、十分に水を補給するか、乾燥させないことが大切である。

⑵　寒中の養生

　給熱養生の場合は、コンクリート表面が乾燥したり、局部的に熱したりしないように注意する。また保温養生や給熱養生が終わったのち、コンクリートを急に外気にさらすとひび割れが発生するので注意を要する。鋼製型枠やアルミニウム合金型枠などを用いた場合には、一般に表面付近が凍結を受けやすいので、とくに保温が必要である。

3.8.6　型枠の取り外しと養生の終了時期

　型枠や支保工を早く取りはずし、転用回数を増すことは経済的である。

　しかし、壁や床などの自重および施工中に加わる荷重を支えるのに十分な強度に達するまで取りはずしてはならない。

　とくに支保工は、コンクリート部材がその上部にくる荷重を十分支えられる強度に達するま

で取りはずしてはならない。なお、取りはずす際には構造物に損傷を与えないように十分注意して、静かに行うことが大切である。そして、型枠を取りはずした後も必要な湿潤養生期間に満たない場合は、引きつづき養生をつづける。

　一般に、型枠を取りはずす時期は、コンクリートが型枠の取りはずしによって被害を受けることのない強度に達した時とするが、このときの強度の確認は、現場の構造物と同一状態に養生したコンクリートの圧縮強度により行う。

　コンクリート示方書では、型枠を取りはずして良い時期のコンクリートの圧縮強度の参考値を、**表-3.19**のように示している。なお、固定ばり・ラーメン・アーチなどでは、コンクリートのクリープを利用して構造物にひび割れが発生するのを少なくすることができるので、コンクリートが自重および施工中に加わる荷重を支持するのに必要な強度に達したら、なるべく早く型枠および支保工を取りはずすほうがよい。

　冬期、外気温が低いときや、風の強いときに型枠を取りはずすと、コンクリートの表面が急激に冷えてひび割れが生ずるおそれがある。断面の厚さが80〜100cm以上の部材厚の大きいコンクリートでは、この点にとくに注意する必要がある。

表-3.19　型枠を取りはずしてよい時期のコンクリートの圧縮強度の参考値
（土木学会コンクリート標準示方書〔施工編〕解説）

部材面の種類	例	コンクリートの圧縮強度（N/mm²）
厚い部材の鉛直または鉛直に近い面，傾いた上面，小さいアーチの外面	フーチングの側面	3.5
薄い部材の鉛直または鉛直に近い面，45°より急な傾きの下面，小さいアーチの内面	柱・壁・はりの側面	5.0
橋，建物などのスラブおよびはり，45°より緩い傾きの下面	スラブ，はりの底面，アーチの内面	14.0

3.9　打継目の計画と施工

3.9.1　打継目を設ける位置

　コンクリートの打継目は構造上の弱点となる。構造物全体が一体となるように連続して打設するのが理想であるが、次のような場合には打継目を設ける必要が生じてくる。
　①1日の打設量の限度、工程などの関係から打設できる範囲が限定される場合
　②型枠・支保工に作用するコンクリートの側圧や自重などから1回の打設量が限られた場合
　③何回も型枠を転用することによって工費を低減しょうとする場合
　④型枠・鉄筋の組立工程から制限を受ける場合
　⑤打設要員や機器の確保が十分できない場合

⑥マスコンクリートに発生する温度応力を抑制する場合

　打継目は、構造物の強度および美観上から最も適切な位置で、かつ打継目の施工がなるべく容易な位置を選ぶ。打継目はせん断力に対してとくに抵抗力が小さいので、できるだけ作用するせん断力の小さい位置に設け、さし筋（定着高さ30φ程度）で補強するか、ホゾを設ける。また、打継目は部材の圧縮力を受ける方向と直角にする。

　柱や壁の水平打継目は、**図-3.22**に示すように床版より高くする。

　なお、コンクリート打継ぎ方法と引張強度の関係について試験した例を**表-3.20**に示す。

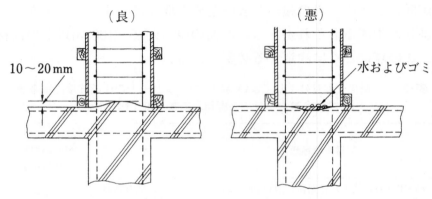

10〜20 mm　　　　　　　　水およびゴミ

（良）　　　　　　　　　　　（悪）

図-3.22　柱内のレベルのとり方

表-3.20　コンクリートの打継ぎ方法と引張強度

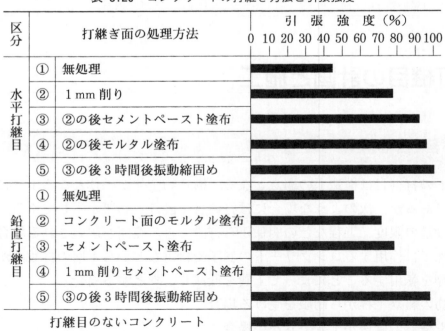

区分		打継ぎ面の処理方法	引張強度（%）
水平打継目	①	無処理	
	②	1 mm 削り	
	③	②の後セメントペースト塗布	
	④	②の後モルタル塗布	
	⑤	③の後3時間後振動締固め	
鉛直打継目	①	無処理	
	②	コンクリート面のモルタル塗布	
	③	セメントペースト塗布	
	④	1 mm 削りセメントペースト塗布	
	⑤	③の後3時間後振動締固め	
打継目のないコンクリート			

3.9.2　打継ぎ方法の基本

　コンクリートの打継ぎ方法は構造物の重要性・形状、打継ぎ面の位置と状態、などによって異なるが、一般的な施工方法を次に示す。

(1)　打継ぎ部の型枠の組立て

　コンクリートの打継ぎに際して、新たに型枠を組立てる場合には、打継目の近くに型枠緊結材を配置し、コンクリートを打ち込む前に型枠を締め直して、すでに打設されているコンクリート側にモルタルが流れたり、打継目に段違いができないようにする。打継目は美観上、直線とするが、このためには**図-3.23**に示すような方法をとる。

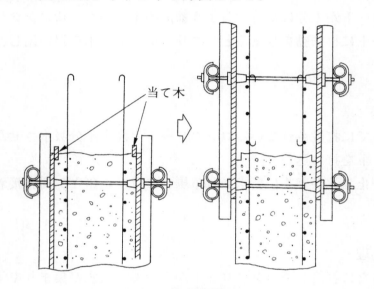

図-3.23　打継目の型枠の例

(2)　水平打継ぎ面の事前処理

　打継ぎに際しては、すでに打設されているコンクリート打継ぎ面のレイタンス、ゆるんだ骨材、劣化したコンクリートを取り除き、面を粗にする。この事前処理には、硬化前の処理と硬化後の処理がある。

　a）硬化前の処理

　高圧の空気や水を噴射してコンクリート表面の薄層を除去し、粗骨材を露出させるもので、この処理を行う最適の時期は、セメントの種類、コンクリートの配合、外気温によって異なるが、一般にはセメントの終結の時間（コンクリートを打設してから4～12時間後）とする。この時期は、靴のかかとなどで表面をこすったとき、粗骨材がゆるんだり、動いたりしないで、小さい溝ができる程度である。なお、表面凝結遅延剤を使用し、処理する時期を調整することもできる。硬化前の処理は最適の時期を判断することがむずかしく、また工事の都合で最適の時期に処理を行うことができないことも多いので、硬化後の処理のほうも多く採用されている。

　b）硬化後の処理

コンクリートがあまり硬くない場合は、コンクリート表面に水を散布しながらワイヤブラシなどでこすって面を粗にする。コンクリートが硬い場合や、劣化したコンクリートを取り除く必要がある場合などには、ノミでチッピングする方法もあるが、ゆるんだコンクリートが表面に残って打継ぎ面を弱くしたり、打継目の直線性が悪くなるので、やむを得ない場合以外は原則として行わない。

(3)　鉛直打継ぎ面の処理

　鉛直打継ぎ面の処理方法は、旧コンクリートの表面をワイヤブラシで削るか、あるいは、チッピング等により打継ぎ面を粗にし、セメントペースト、モルタルあるいは、湿潤面用エポキシ樹脂などを塗った後、新コンクリートを打継ぐのがよい。新コンクリートの打込みにあたっては、新旧コンクリートが十分に密着するよう締固めを行うが、新コンクリート打込み後適切な時間にコンクリートに再振動を与えると、ブリーディング水を追い出し、良好な打継目をつくることができる。

(4)　打設直前の処理

　打設直前には、すでに打設されているコンクリート表面を十分吸水させた後、余分な水をふきとってコンクリートを打ち込む。

　打継目の付着性や止水性がとくに要求される場合には、エポキシ樹脂接着剤などを利用する方法もある。

(5)　分離した水の処理

　鉛直打継目には新たに打設したコンクリートから分離した水が集まりやすく、これがコンクリートの相互の接合を阻害する。分離した水を追い出して良い打継目をつくるためには、コンクリート打込み後、適当な時期（3.6.3(7)参照）に再振動締固めを行うのがよい。

(6)　止水板の施工

　打継目に止水板を設置する場合には、**図-3.24**に示すような方法を採用する。なお、止水板の裏側には水やコンクリートガラ、ゴミなどがたまりやすく、また掃除しにくいため、その部分のコンクリート強度と水密性をそこなうことがあるので、コンクリート打込みに際しては、十分に清掃するとともに水がたまらないようにする。また、コンクリート打設中に止水板が折り曲げられないように注意する。

(7)　逆打ちコンクリートの打継ぎ

　逆打ちコンクリートは新たに打設したコンクリートが沈降して間隙が生じやすい。
このため、コンクリートの配合、施工方法を十分に検討する。

　逆打ちコンクリートの打継ぎ方法の例を**図-3.25**に示す。

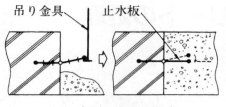

（a）底版・床版の場合

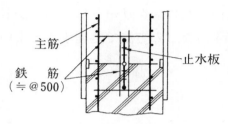

（b）壁の場合（水平方向）

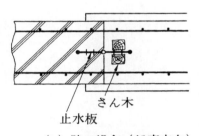

（c）壁の場合（鉛直方向）

図-3.24　止水板まわりのコンクリート施工方法

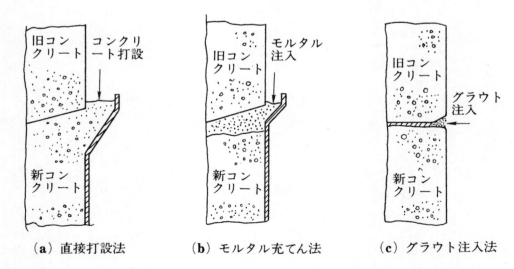

（a）直接打設法　　　（b）モルタル充てん法　　　（c）グラウト注入法

図-3.25　逆打ちコンクリートの打継ぎ方法の例

3.10 残コンクリートの処理

　コンクリートポンプ、輸送管、先端ホースなどに残ったコンクリートや、生コン車に残ったコンクリートを残コンクリート（残コン）と呼び、工事管理者の責任で処理をしなければならない。生コン車に残ったコンクリートは生コン工場に戻して処理をすることが望ましいが、その場合には、洗浄してスラッジが発生する。スラッジを適切に活用することも必要である。また、現場に荷卸しをしたのちに残ったコンクリートは、あらかじめ準備した専用の容器やブルーシートにあけて硬化後に破砕するなどの方法で処理するとよい。

第4章
生コンの上手な使い方

4.1　便利な生コン

　昭和28年にレディーミクストコンクリート（以下、生コンと称す）の日本工業規格（JIS A 5308）が制定され、それ以来約65年の歳月を経過した。その間、昭和40年にはJISマーク表示制度による指定商品として認められ、JIS表示認可工場が続々と誕生し、昭和62年末までに3,868工場、平成7年には4,362工場に達し、年間約1億7,500万m³のコンクリートが生産されるに至った。

　こうしてわが国の経済成長とともに普及した生コンは、電話1本でコンクリートが配達されるその便利さのため、コンクリート工事の生産性は急速に向上した。しかし、その反面、建設会社の技術者のコンクリートに対する経験を年々減少させ、さらにポンプ工法などの急速施工が普及して工事の分業化が進められた結果、全体を理解するコンクリート技術者は少なくなり、そのため施工管理が不十分となることにより、コンクリート構造物の施工上のトラブルが表面化してきた。

　生コンの実態を認識し、コンクリートに関する基本的な知識と経験を積み重ね、「便利な生コン」を有効に利用することが望まれる。

4.2　生コンの発注方法

4.2.1　生コンの契約の手順

　昭和50年に全国生コンクリート工業組合連合会が結成されて以来、生コンの流通経路も変わり、協同組合による生コンの共同販売制が実施されるようになってきた。流通経路は地域により異なるが、発注者が販売店あるいは協同組合を通じて生コンメーカーに出荷を求めるといった販売経路をとっている。

　このように発注者と生コンメーカーの間に販売店あるいは協同組合を介する複雑な流通機構をとっているため、品質条件あるいは責任の不明確さが、トラブルを生ずる原因ともなっている一面もある。こういったトラブルを無くするために、契約にあたっては直接生コンメーカーに必要な性能を伝え、必要とする品質条件と保証について取り決めておくことが大切である。

4.2.2　生コン工場の選定

　生コン工場は、コンクリートの練混ぜ開始から荷卸しまでの時間が、交通事情も十分考慮のうえで、通常1.5時間以内のできるだけ近い工場を選定し、その出荷能力が一日の打設数量に対し十分余裕のある生コン工場とする。また、要求される品質の生コンを確保するには、JIS表示認可工場であることのほか、㊙マークを取得するなど、品質管理に対する意識の高い工場を選定することが望まれる。

4.2.3　生コン仕様の定め方

　JIS A 5308「レディミクストコンクリート」、（JIS規格は5年以内に見直しをすることになっているため、最新版が適用される）に規定されるコンクリートの種類は、普通コンクリート、軽量コンクリート舗装コンクリート及び高強度コンクリートに区分され、粗骨材の最大寸法、スランプまたはスランプフロー及び呼び強度を組合せた**表-4.1**に示す○印のものと定められている。ただし、高強度コンクリートは**表-4.1**の○印と○印の間の整数、及び45を超え50未満の整数を呼び強度とすることができる。なお、**表-4.1**の組み合わせから選んだ指定項目のほか、次の事項については購入者が生産者と協議のうえ指定することができる。ただし、(a)〜(h)までの事項は、この規格で規定している範囲とする。

(a)　セメントの種類

(b)　骨材の種類

(c)　粗骨材の最大寸法

(d)　アルカリシリカ反応の制御対策の方法

(e)　骨材のアルカリシリカ反応性による区分

(f)　呼び強度が36を超える場合は、水の区分

(g)　混和材料の種類及び使用量

(h)　標準とする塩化物含有量の上限値と異なる場合は、その上限値（塩化物含有量は、荷卸し地点で、塩化物イオン（Cl^-）量として0.30kg／m³以下とするが、購入者の承認を受けた場合には0.60kg／m³以下とすることができる。）

(i)　呼び強度を保証する材齢（指定がない場合は28日とする）

(j)　標準とする空気量と異なる場合は、その値

表-4.1　レディーミクストコンクリートの種類及び区分

コンクリートの種類	粗骨材の最大寸法(mm)	スランプ又はスランプフロー[a](cm)	呼び強度 18	21	24	27	30	33	36	40	42	45	50	55	60	曲げ4.5
普通コンクリート	20, 25	8,10,12,15,18	○	○	○	○	○	○	○	○	○	○	−	−	−	−
		21	−	○	○	○	○	○	○	○	○	○	−	−	−	−
		45	−	−	−	○	○	○	○	○	○	○	−	−	−	−
		50	−	−	−	−	−	○	○	○	○	○	−	−	−	−
		55	−	−	−	−	−	−	○	○	○	○	−	−	−	−
		60	−	−	−	−	−	−	−	○	○	○	−	−	−	−
	40	5,8,10,12,15	○	○	○	○	−	−	−	−	−	−	−	−	−	−
軽量コンクリート	15	8,12,15,18,21	○	○	○	○	○	○	○	−	−	−	−	−	−	−
舗装コンクリート	20, 25,40	2.5,6.5	−	−	−	−	−	−	−	−	−	−	−	−	−	○
高強度コンクリート	20,25	12,15,18,21	−	−	−	−	−	−	−	−	−	−	○	−	−	−
		45,50,55,60	−	−	−	−	−	−	−	−	−	−	○	○	○	−

注 a)　荷卸し地点での値であり、45cm,50cm,55cm及び60cmはスランプフローの値である。

(k) 軽量コンクリートの場合は、コンクリートの単位容積質量

(l) コンクリートの最高温度または最低温度

(m) 配合設計で計画した水セメント比の目標値の上限値

(n) 配合設計で計画した単位水量の目標値の上限値

(o) 配合設計で計画した単位セメント量の目標値の下限値または上限値

(p) 流動化コンクリートの場合は流動化する前のレディーミクストコンクリートからのスランプの増大量

(q) その他の必要な事項

以上のうち(1)～(4)の項目については、JIS A 5308で規定している範囲で指定する。すなわち、セメントはJIS R 5210、JIS R 5211、JIS R 5212、JIS R 5213のいずれかの規格に適用するものを用いる。なお、JIS R 5214のうち普通エコセメントも使用できるが、高強度コンクリートとは適用しない。骨材はJIS A 5005およびJIS A 5308附属書Aに適合するものを用い、混和材料は、コンクリート及び鋼材に有害な影響を及ぼさないもので、購入者の承認を得、フライアッシュ、膨張材、化学混和剤、防せい剤、高炉スラグ粉末及びシリカフュームはそれぞれJIS A 6201、JIS A 6202、JIS A 6204、JIS A 6205、JIS A 6206、JIS A 6207の規格に適合するものを用いる。なお、(13)～(15)に示す目標値は、配合設計で計画した値とする。

表-4.1に示す組合せ以外のもの、あるいは、購入者が生産者に指定できる前記項目以外の仕様を定める場合は規格外品となるが、規格外品は品質が劣るものではなく、構造物に適した特別注文の生コンと考えることができる。

4.2.4 呼び強度と設計基準強度

設計基準強度（f'_{ck}）とは、構造計算において基準とした強度で、呼び強度とは、生コン取引き上の強度を示す用語である。呼び強度の強度値は、荷卸し地点（現場）における生コンを所定の材齢（特にことわらない限り28日）まで標準養生（20 ± 3℃、水中養生）したコンクリートの保証強度を示す。すなわち、「呼び強度24（単位はつけない）」と指定すると、材齢28日に24N/mm²の圧縮強度をある確率以上で保証するべく、目標（品質のばらつきを考慮して24N/mm²に対して割増しをした強度）を定めて生産される。

一般には呼び強度は設計基準強度と同じ数値を指定してよいが、次のような場合は、設計基準強度と異なる呼び強度を指定することになる。

1）現場養生温度が標準養生温度より低く、早期に荷重が加わるような場合は、呼び強度を大きくする。

2）耐久性、水密性、施工性（水中コンクリートなど）などから単位セメント量や水セメント比に制限が加わり、設計基準強度から水セメント比が定まらない場合がある。このようなときは、これらの制限条件から水セメント比が決まり、指定項目を水セメント比とするか、この水セメント比に匹敵する呼び強度の生コンを指定することになる。

4.3　生コンの受入れ

4.3.1　生コンの受入れの準備

　生コンの受入れを円滑に行うためには、次のような準備をしておかなければならない。

1）生コン車の走行している道路の交通事情を調査し、出入口付近をできるだけ広くし、必要に応じて誘導員を配置する。また、警察などへは所定の届出を済ませておく。

2）ポンプ車の設置位置を含めて、生コン車の動きが円滑にできるような動線を考える。また、ポンプ車にはできれば2台の生コン車がつけられるようにする。

3）生コン車の待機場所を定める。

4）生コンの受入れ検査をする試験場所を設ける（受入れ検査の要領は4.4を参照）。

5）夜間用の照明設備や、給排水設備を設ける。

6）生コン工場との連絡方式を定める。連絡員を定めておくと混乱を避けられる。

4.3.2　配合計画書のチェック

　生コンの仕様が定まると試し練りなどにより配合を決めるが、仕様どおりの生コンにするためには、材料、設計、配合表などをチェックしなければならない。**表-4.2**に配合計画書のフォーマットを示す。**表-4.2**中の（注）書きによって配合表のチェックポイントを示すと次のとおりである。

(1)　使用骨材を調べる

　使用骨材の試験成績表から、粒度、粗粒率、最大寸法、密度、吸水率、塩化物含有量、泥分や有機不純物の含有量、岩質などを調べ、使用骨材としての適否を判定する。できれば生コン工場で実際にチェックするとよい。**表-4.3**は、JIS A 5308附属書に規定される砂利及び砂の品質規定の一部である。標準粒度は**図-4.1**に示す。また、骨材の耐久性は、購入者の指示がある場合、安定性試験を行って判定する。舗装版に用いる場合は、砂利のすりへり減量の限度は35％とする。

　2014年より戻りコンクリートから取り出された「回収骨材」が使えるようになっている。一般的には5％以下とし、バッチごとに管理できれば20％以下まで未使用の骨材に置き換えられる。

(2)　セメントの品質を調べておく

　セメントメーカー、セメントの種類などにより、若干製品の品質に差のある場合があるので成績書をチェックしておくことも大切である。とくに、実績の少ないセメントを使用する場合は、事前に取扱い上の注意などについて十分検討する。

表-4.2　レディーミクストコンクリート配合計画書

<table>
<tr><td colspan="6">レディーミクストコンクリート配合計画書　　　　　　　No.
　　　　　　　　　　　　　　　　　　　　　　　　　　年　月　日</td></tr>
<tr><td colspan="6">　　　　　　　　　　　　殿
　　　　　　　　　　　　　　　　製造会社・工事名
　　　　　　　　　　　　　　　　配合計画者名</td></tr>
</table>

工　事　名　称	
所　在　地	
納　入　予　定　時　期	
本配合の適用期間 a)	
コンクリートの打込み箇所	

配 合 の 設 計 条 件

呼び方	コンクリートの種類による記号	呼び強度	スランプ又はスランプフロー cm	粗骨材の最大寸法 mm	セメントの種類による記号

<table>
<tr><td rowspan="2">指定事項（必須）</td><td>セメントの種類</td><td>呼び方欄に記載</td><td>粗骨材の最大寸法</td><td>呼び方欄に記載</td></tr>
<tr><td>骨材の種類</td><td>使用材料欄に記載</td><td>骨材のアルカリシリカ反応抑制対策の方法 b)</td><td></td></tr>
</table>

<table>
<tr><td rowspan="6">指定事項（任意）</td><td>骨材のアルカリシリカ反応性による区分</td><td>使用材料欄に記載</td><td>軽量コンクリートの単位容積質量</td><td>kg/m³</td></tr>
<tr><td>水の区分</td><td>使用材料欄に記載</td><td>コンクリートの温度</td><td>最高・最低　　℃</td></tr>
<tr><td>混和材料の種類及び使用量</td><td>使用材料及び配合表欄に記載</td><td>水セメント比の目標値の上限</td><td>%</td></tr>
<tr><td>塩化物含有量</td><td>kg/m³ 以下</td><td>単位水量の目標値の上限</td><td>kg/m³</td></tr>
<tr><td>呼び強度を保証する材齢</td><td>日</td><td>単位セメント量の目標値の下限又は目標値の上限</td><td>kg/m³</td></tr>
<tr><td>空気量</td><td>%</td><td>流動化後のスランプ増大量</td><td>cm</td></tr>
</table>

使 用 材 料 c)

セメント	生産者名			密度 g/cm³		Na₂Oeq d) %	
混和材	製品名		種類	密度 g/cm³		Na₂Oeq e) %	

<table>
<tr><td rowspan="2" colspan="2">骨材</td><td rowspan="2">No.</td><td rowspan="2">種類</td><td rowspan="2">産地又は品名</td><td colspan="2">アルカリシリカ反応性による区分 f)</td><td rowspan="2">粒の大きさの範囲 g)</td><td rowspan="2">粗粒率又は実積率 h)</td><td colspan="2">密度 g/cm³</td><td rowspan="2">微粒分量の範囲 %i)</td></tr>
<tr><td>区分</td><td>試験方法</td><td>絶乾</td><td>表乾</td></tr>
<tr><td rowspan="3">細骨材</td><td>①</td><td></td><td></td><td></td><td></td><td></td><td></td><td></td><td></td><td></td><td></td></tr>
<tr><td>②</td><td></td><td></td><td></td><td></td><td></td><td></td><td></td><td></td><td></td><td></td></tr>
<tr><td>③</td><td></td><td></td><td></td><td></td><td></td><td></td><td></td><td></td><td></td><td></td></tr>
<tr><td rowspan="3">粗骨材</td><td>①</td><td></td><td></td><td></td><td></td><td></td><td></td><td></td><td></td><td></td><td></td></tr>
<tr><td>②</td><td></td><td></td><td></td><td></td><td></td><td></td><td></td><td></td><td></td><td></td></tr>
<tr><td>③</td><td></td><td></td><td></td><td></td><td></td><td></td><td></td><td></td><td></td><td></td></tr>
</table>

混和剤①	製品名		種類		Na₂Oeq j) %	
混和剤②						

細骨材の塩化物量 k)	%	水の区分 l)		目標スラッジ固形分率 m)	%
回収骨材の使用方法 n)	細骨材		粗骨材	安定化スラッジ水の使用の有・無	

配 合 表 o) kg/m³

セメント	混和材	水	細骨材①	細骨材②	細骨材③	粗骨材①	粗骨材②	粗骨材③	混和剤① p)	混和剤②

水セメント比 q)	%	水結合材比 q)	%	細骨材率	%

備考　骨材の質量配合割合 r)，混和剤の使用量については，断りなしに変更する場合がある。
　　　　運搬時間の限度を変更した場合；　　時間

表-4.2　レディーミクストコンクリート配合計画書（続き）

注　a）本配合の適用期間に加え，標準配合，又は修正標準配合の別を記入する。

なお，標準配合とは，レディーミクストコンクリート工場で社内標準の基本にしている配合で，標準状態の運搬時間における標準期の配合として標準化されているものとする。また，修正標準配合とは，出荷時のコンクリート温度が標準配合で想定した温度より大幅に相違する場合，運搬時間が標準状態から大幅に変化する場合，若しくは骨材の品質が所定の範囲を超えて変動する場合に修正を行ったものとする。

b）附表 8 の記号欄の記載事項を，そのまま記入する。

c）配合設計に用いた材料について記入する。

d）ポルトランドセメント及び普通エコセメントを使用した場合に記入する。JIS R 5210 の全アルカリの値としては，直近 6 か月間の試験成績表に示されている，全アルカリの最大値の最も大きい値を記入する。

e）最新版の混和材試験成績表の値を記入する。

f）アルカリシリカ反応性による区分，及び判定に用いた試験方法を記入する。

g）細骨材に対しては，砕砂，スラグ骨材，人工軽量骨材，及び再生細骨材 H では粒の大きさの範囲を記入する。粗骨材に対しては，砕石，スラグ骨材，人工軽量骨材，及び再生粗骨材 H では粒の大きさの範囲を，砂利では最大寸法を記入する。

h）細骨材に対しては粗粒率の値を，粗骨材に対しては，実積率又は粗粒率の値を記入する。

i）砕石，砕砂及びスラグ骨材を使用する場合に記入する。

j）最新版の混和剤試験成績表の値を記入する。

k）最新版の骨材試験成績表の値（NaCl として）を記入する。

l）回収水のうちスラッジ水を使用する場合は，"回収水（スラッジ水）"と記入する。

m）スラッジ水を使用する場合に記入する。目標スラッジ固形分率とは，3 ％以下のスラッジ固形分率の限度を保証できるように定めた値である。また，スラッジ固形分率を 1 ％未満で使用する場合には，"1 ％未満"と記入する。

n）回収骨材の使用方法を記入する。回収骨材置換率の上限が 5 ％以下の場合は"A 方法"，20 ％以下の場合は"B 方法"と記入する。

o）人工軽量骨材の場合は，絶対乾燥状態の質量で，その他の骨材の場合は，表面乾燥飽水状態の質量で表す。

p）空気量調整剤は，記入する必要はない。

q）セメントだけを使用した場合は，水セメント比を記入する。高炉スラグ微粉末，フライアッシュ，シリカフューム又は膨張材を結合材として使用した場合は，水結合材比だけを記入するか，又は水結合材比及び水セメント比の両方を記入する。

r）全骨材の質量に対する各骨材の計量設定割合をいう。

（注）

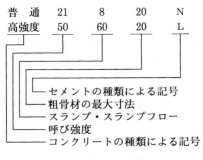

呼び方の例

附表1　コンクリートの種類による記号

コンクリートの種類	粗骨材	細骨材	記号
普通コンクリート	砕石、各種スラグ粗骨材、再生粗骨材H、砂利	砕砂、各種スラグ細骨材、再生細骨材H、砂	普通
軽量コンクリート	人工軽量粗骨材	砕砂、高炉スラグ細骨材、砂	軽量1種
軽量コンクリート	人工軽量粗骨材	人工軽量細骨材、人工軽量細骨材に一部砕砂、高炉スラグ細骨材、砂を混入したもの	軽量2種
舗装コンクリート	砕石、各種スラグ粗骨材、再生粗骨材H、砂利	砕砂、各種スラグ細骨材、再生細骨材H、砂	舗装
高強度コンクリート	砕石、砂利	砕砂、各種スラグ細骨材、砂	高強度

附表2　荷卸し地点でのスランプの許容差

単位　cm

ス　ラ　ン　プ	スランプの許容差
2.5	±1
5及び6.5	±1.5
8以上18以下	±2.5
21	±1.5[(1)]

注[(1)]　呼び強度27以上で，高性能AE減水剤を使用する場合は，±2とする。

附表5　セメントの種類による記号

セ　メ　ン　ト　の　種　類	(記号)
普通ポルトランドセメント	N
普通ポルトランドセメント(低アルカリ形)	NL
早強ポルトランドセメント	H
早強ポルトランドセメント(低アルカリ形)	HL
超早強ポルトランドセメント	UH
超早強ポルトランドセメント(低アルカリ形)	UHL
中庸熱ポルトランドセメント	M
中庸熱ポルトランドセメント(低アルカリ形)	ML
低熱ポルトランドセメント	L
低熱ポルトランドセメント(低アルカリ形)	LL
耐硫酸塩ポルトランドセメント	SR
耐硫酸塩ポルトランドセメント(低アルカリ形)	SRL
高炉セメントA種	BA
高炉セメントB種	BB
高炉セメントC種	BC
シリカセメントA種	SA
シリカセメントB種	SB
シリカセメントC種	SC
フライアッシュセメントA種	FA
フライアッシュセメントB種	FB
フライアッシュセメントC種	FC
普通エコセメント	E

附表3　荷卸し地点でのスランプフローの許容差

単位　cm

スランプフロー	スランプフローの許容差
50	±7.5
60	±10

附表4　粗骨材の最大寸法による記号

粗骨材の最大寸法	記号
15 mm	15
20 mm	20
25 mm	25
40 mm	40

附表6　荷卸し地点での空気量及びその許容差

単位　%

コンクリートの種類	空気量	空気量の許容差
普通コンクリート	4.5	
軽量コンクリート	5.0	±1.5
舗装コンクリート	4.5	
高強度コンクリート	4.5	

附表7　アルカリシリカ反応性による区分[(2)]

区分	摘　　　要
A	アルカリシリカ反応性試験の結果が"無害"と判定されたもの
B	アルカリシリカ反応性試験の結果が"無害でない"と判定されたもの，又はこの試験を行っていないもの

注[(2)]　化学法による試験を行って判定するが，この結果，"無害でない"と判定された場合は，モルタルバー法による試験を行って判定する。また，化学法による試験を行わない場合は，モルタルバー法による試験を行って判定してよい。

附表8　アルカリシリカ反応抑制対策の方法及び記号

抑　制　対　策　の　方　法	記　　号
3.　コンクリート中のアルカリ総量の規制	AL（　　kg/m³）[(3)]
4.1　混合セメント（高炉セメントB種）の使用	BB
4.1　混合セメント（高炉セメントC種）の使用	BC
4.1　混合セメント（フライアッシュセメントB種）の使用	FB
4.1　混合セメント（フライアッシュセメントC種）の使用	FC
4.2　混和剤（高炉スラグ微粉末）の使用	B（　　%）[(4)]
4.2　混和剤（フライアッシュ）の使用	F（　　%）[(4)]
5.　安全と認められる骨材の使用	A

注[(3)]　ALの後の括弧内は，計算されたアルカリ総量を小数点以下1けたに丸めて記入する。
注[(4)]　F又はBの後の括弧内は，結合材量に対する混和材量の割合を小数点以下1けたに丸めて記入する。

表-4.3　砂利及び砂の品質

項　目	砂　利	砂	適用試験箇条
絶乾密度　g/cm³	2.5以上(¹)	2.5以上(¹)	JIS A 1109
吸水率　%	3.0以下(²)	3.5以下(²)	JIS A 1110
粘土塊量　%	0.25以下	1.0以下	JIS A 1137
微粒分量　%	1.0以下	3.0以下(³)	JIS A 1103
有機不純物	—	標準色液又は色見本の色より淡い(⁴)	JIS A 1105
塩化物量（NaClとして）%	—	0.04以下(⁶)	JIS A 5002
安定性　%(⁵)	12以下	10以下	JIS A 1122
すりへり減量　%	35以下(⁷)	—	JIS A 1121

注(¹)　購入者の承認を得て，2.4以上とすることができる。
　(²)　購入者の承認を得て，4.0以下とすることができる。
　(³)　コンクリートの表面がすり減り作用を受けない場合は，5.0以下とする。
　(⁴)　試験溶液の色合いが標準色より濃い場合でもJIS A 1142に規定する圧縮強度百分率が90%以上であれば，購入者の承認を得て用いてよい。
　(⁵)　この規定は，購入者の指定に従い適用する。
　(⁶)　0.04を超すものについては，購入者の承認を必要とする。ただし，その限度は0.1とする。プレテンションプレストレストコンクリート部材に用いる場合は，0.02以下とし購入者の承認があれば0.03以下とすることができる。
　(⁷)　舗装コンクリートに用いる場合に適用する。

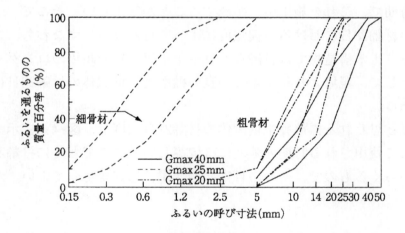

図-4.1　砂利及び砂の標準粒度

(3)　混和材料を確認する

　規格品の場合、必ずAEコンクリートとなるので、AE剤、AE減水剤あるいは高性能AE減水剤が使用される。購入者は、種類の指定はできるが、銘柄については生コンメーカーが常時使用しているものを用いることが多い。品質試験成績書などを事前に確認することが大切である。

(4)　配合表のチェックを行う

　単位水量、単位セメント量などが、スランプ、空気量、混和材料、呼び強度などから判断して妥当なものか検討する。スランプ、空気量については荷卸し地点で所定の値を満足しなければならない。そのため、試験室での結果から現場までのスランプロスや空気量の変化などを見込んでおかなければならない。また、気温によってコンクリートの性質が変わる点についても注意を要する。

4.4 コンクリートの品質管理と受入れ検査

4.4.1 品質管理の基本的な考え方

コンクリート構造物の品質を判定する基準としては、コンクリートの圧縮強度を用いるのが一般的である。これは、コンクリートの圧縮強度がそのコンクリートの他の性質を知るための一つの目安となるためである。したがって、コンクリートの品質を管理する場合には、通常、圧縮強度試験によって行う。

コンクリートの品質管理には、施工中のコンクリートの品質を知るためのものと、コンクリート構造物として完成された後の硬化コンクリートの品質を知るためのものがある。

施工中のコンクリートの品質管理は、脱型時期、支保工の取り外しの時期、養生の終了時期、あるいは架設時の荷重を加えてよい時期などを知るためのもので、打設された現場のコンクリートと同一条件の養生を行った供試体で、強度の確認を行わなければならない。

コンクリート構造物として完成した時点のコンクリートの品質は、設計上の荷重が構造物に作用し始める時期で、これを施工中に確認することが望ましい。そこで、一般には標準養生を行った供試体の材齢28日における圧縮強度によって行われる。すなわち、コンクリート構造物の供用時（一般に土木構造物では材齢6ヶ月～1年以上）の現場のコンクリート強度を早期に判定する方法として、現場より養生条件の良い標準養生供試体の材齢28日における強度を基準にするものである。

一見、無関係と思われる標準養生供試体の材齢28日強度は、**図-4.2**に示すように、コンクリート構造物として使用される時期の強度にほぼ等しい。ここでとくに材齢28日と定めているのは過去の経験からくるもので、一つの目安に過ぎず、適宜変更してよい。たとえば、マスコン

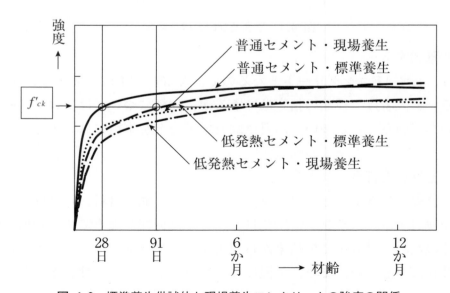

図-4.2 標準養生供試体と現場養生コンクリートの強度の関係

クリートなどでは、中庸熱セメントに混和材としてフライアッシュを用いるなどの低発熱性の結合材を使用するため、強度が長期にわたって増加し、さらにコンクリート構造物として使用される時期が相当長い期間を経過した後であるのが一般的であるため、材齢91日における強度を基準にすることが多い。

　逆に、比較的早期に使用される構造物の場合は、材齢28日より早い時期を標準にしなければならないし、長期的に強度の増加を待てる構造物の場合で、長期にわたり強度の増加が期待できる場合は、材齢28日にこだわることなく、たとえば56日などで品質を管理してもよい。

　また、早期にコンクリートの品質を知りたい場合は、促進養生を行った供試体によって判断する方法や、材齢28日強度と材齢7日強度の関係をあらかじめ調べておき、材齢7日強度で判断する方法などもある。

4.4.2　納入書の確認

　レディーミクストコンクリートの生産者はそれぞれの運搬車ごとに**表-4.4**に示す納入書を製品と一緒に持参する。平成22年4月1日からは納入されたレディーミクストコンクリートの配

表-4.4　レディーミクストコンクリートの納入書の例

注記　用紙の大きさは，日本工業規格A列5番（148mm×210mm）又はB列5番（182mm×210mm）とするのが望ましい。

注a）標準配合，修正標準配合，計量読取記録から算出した単位量，計量印字記録から算出した単位量，若しくは計量印字記録から自動算出した単位量のいずれかを記入する。また，備考欄の配合の種別については，該当する項目にマークを付す。

b）セメントだけを使用した場合は，水セメント比を記入する。高炉スラグ微粉末，フライアッシュなどを結合材として使用した場合にだけ記入する。

c）回収骨材の使用方法が"A方法"の場合には5％以下と記入し，"B方法"の場合には配合の種別による骨材の単位量から求めた回収骨材置換率を記入する。

合を示すことになっているので、購入者は、注文通りの製品であることを納入書により確認することが必要である。納入されたレディーミクストコンクリートごとの配合が明記されるのは、環境温度や材料の品質変動などで計画書とは異なる配合で製造されるのが一般的であるためである。なお、工場によっては標準配合（たとえば運搬時間を30分程度とした標準状態における春秋の時期を想定した標準期の配合）、修正標準配合（標準配合に対して運搬時間や材料の品質変動を修正した配合）などを示す場合と、計量印字記録などから逆算した配合を示す場合がある。

4.4.3　品質管理・検査のための試料採取要領

　品質管理や検査のための試料の採取方法は一定の方法とすることが望ましく、JIS A 1115「フレッシュコンクリートの試料採取方法」が定められている。ただし、トラックアジテータから試料を採取する場合は、JIS A 1115に規定される方法ではなく、トラックアジテータで30秒間高速かくはんした後、最初に排出されるコンクリート50*l*～100*l*を除き、その後のコンクリート流の全横断面から採取するとよい。

4.4.4　フレッシュコンクリートの試験要領

　品質管理や受入れ検査のためのフレッシュコンクリートの試験には、スランプ試験、空気量試験、コンクリート温度測定、単位容積質量の測定などがある。これらの試験は、必要に応じて実施される。このうち、空気量試験、スランプ試験の要領を**図-4.3**、**図-4.4**に示す。詳細はJIS A 1101、JIS A 1128を参照するとよい。

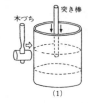

（1）　容器にコンクリートを3層に分けて詰め、各層を突き棒で均等に25回突く。突き終わると突き棒による空気孔がなくなるまで容器の側面を木づちで各層10～15回軽くたたく。コンクリートを詰め終わったら上面をストレートエッジで平らに均し、容器のふちを布でふきとる。

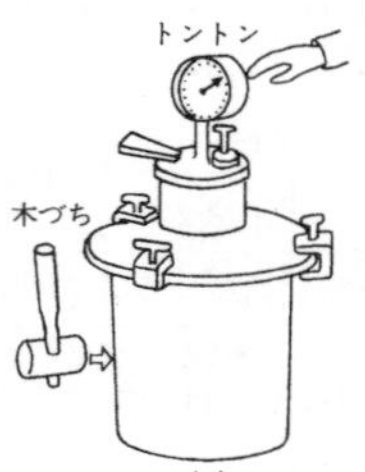

（2）　フタをかぶせて注水して測る方法と、注水しないで測る方法があるが、注水するほうが正確である。フタをかぶせ空気がもれないようにコックを均等に締め付け、所定の操作を行う。空気室の圧力を所定の値（約0.1N/mm²）まで高め、約5秒後作動弁を開いて容器の側面を木づちでたたく。再び作動弁を開いて指針が安定して、空気量の目盛を読みとる。

図-4.3　空気量測定要領

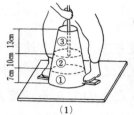

（1）　スランプコーンの内面を湿布でふく。コーンが浮き上がらないようにふみつける。試料は3層に①，②，③とほぼ同量入れ，片よらないように突き棒で均して，各層25回均等に突く（突き棒の先端は前の層にわずかに入れる）。突き終わったら，上面を平らに均す。

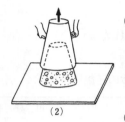

（2）　スランプコーンは片よらないように静かに垂直に引き上げる（引き上げる時間は2〜3秒）。スランプ（元の高さからの中央部の下がり）を0.5cmまで測定する。

（3）　スランプが同じでもワーカビリティーが異なる。突き棒で板をトントンたたいて，コンクリートのくずれる状態をみてワーカビリティーを判定するとよい。

（良）　（悪）

図-4.4　スランプ試験要領

4.4.5　硬化コンクリートの試験要領

打ち込まれたコンクリートの品質管理や、受入れコンクリートの検査のために、硬化コンクリートの品質を試験により調べる。硬化コンクリートの品質は、主として圧縮強度で判断し、施工中の強度を調べる供試体は現場と同等の養生を行い、設計上の強度を調べる供試体は標準養生とする。

(1)　圧縮強度試験用供試体のつくり方

供試体は任意の運搬車から採取した試料を十分に練り直し、所定の寸法の型枠に詰める。突き棒を用いる場合は、各層少なくとも10cm^{2}に1回の割合で突くものとするため、**表-4.5**に示す締め固め方法とする。なお、この割合で突いて材料の分離を生じるおそれのあるときは、分離を生じない程度に突き数を減らす。キャッピングは脱型前にセメントペーストや研磨によって行う方法が最も一般的であるが、その平面度は直径の0.05％以内とする。

表-4.5　供試体の締固め方法の標準

試験体の種類	供試体寸法(cm)	突　固　め	
		層　数	各層の突固め回数
圧　縮　強　度	φ15×30	3	25
	φ10×20	2	11
曲　げ　強　度	15×15×53	2	80
	10×10×40	2	40

(2)　圧縮強度試験方法

　コンクリートの強度は、使用材料、配合、打設方法、養生方法などのほか、供試体の寸法、形状ならびに載荷速度によっても相違する。**表-4.6**は、コンクリートの寸法、形状の異なる場合の同一配合のコンクリートの強度の違いを示したものである。また、**図-4.5**に示すように、載荷速度によっても強度は変わるため、JISでは圧縮強度試験における載荷速度を毎秒0.2～0.3N/mm^{2}と定めている。

　詳細は、JIS A 1132、JIS A 1108などを参照されたい。

表-4.6　各種供試体の圧縮強度比

| 寸法(cm) | 円 柱 形 供 試 体 | | | 角 柱 供 試 体 | | |
材齢	$\phi\,15\times15$	$\phi\,15\times30^{1)}$	$\phi\,20\times40$	$\square\,15\times15$	$\square\,15\times30$	$\square\,20\times40$
7 日	0.79	0.70	0.67	0.81	0.65	0.64
28 日	1.12	1.00	0.95	1.16	0.93	0.92
91 日	1.40	1.25	1.19	1.45	1.16	1.15

（注）　1)　$\phi\,10\times20$ cm の値は $\phi\,15\times30$ cm とほぼ同じである。
　　　　2)　普通セメントコンクリート，W/C：50% の場合の例

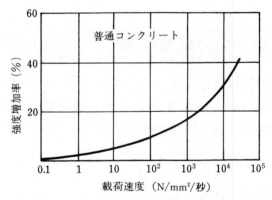

図-4.5　載荷速度と強度増加率の関係

第5章

コンクリートの
ひび割れとその対策

5.1 宿命的なコンクリートのひび割れ

コンクリートは、強度、耐久性、水密性、美観など、その構造物に必要な性能をもち、品質のばらつきが少ないものでなければならない。そして良いコンクリート構造物をつくるためには、正しく配筋された型枠の中に、施工に適したワーカビリティーをもつ均質のコンクリートをしっかりと打ち込み、若材齢時には十分な養生を行わなければならない。

ところが、多くの場合、このような注意が払われてつくられた構造物であっても、いろいろな種類のひび割れが少なからず発生し、表-5.1に示すように様々な障害がもたらされている。最近では、良質骨材の不足、工期の短縮、構造物の大型化に伴うコンクリートの施工方法による弊害、コンクリート工事の分業化など、材料、設計、施工上の原因に社会情勢の原因も加わり、ひび割れの発生要因はますます増加しているのが実情である。

ひび割れの発生原因については、多くの研究がなされ、その対策も考えられているが、依然としてひび割れがなくならないのはその対策が必ずしも現実的でないこと、すなわち、技術的にむずかしいことと経済的でないことのためである。

例えば、ひび割れに対して有利な硬練りのコンクリートが必ずしも施工に有利なものではないこと、ひび割れの定量的な把握と予測が困難であること、ひび割れ対策のために必要な費用が現在の発注の仕組みのなかではあらかじめ見積もられる例が少ないこと、などである。

しかし、ひび割れの発生は、その多少にかかわらず構造物に対して何らかの障害をもたらすので、ひび割れを完全になくすことは困難であっても、どうすれば最小限に抑えられるかということをつねに念頭において設計、施工にあたることが大切である。

表-5.1　ひび割れによる様々な障害

障害の種類	障害の内容
美観上の障害	ひび割れからのさびの流出あるいは漏水などにより外壁が汚れ、補修を行っても、かえって目立ち、美観上の問題を残す。また、構造的な欠陥があるように評価されやすい。
発錆障害	ひび割れから透し、塩分浸透、中性化することにより鉄筋が発錆する。また、鉄筋の腐食膨張により構造物の耐久性を低下させる。
凍結障害	凍結溶解の繰返しにより、内部に侵入した水の氷結圧によってさらにひび割れが拡大され、耐久性を低下させる。
漏水障害	ひび割れ幅が0.2mm以上で貫通したひび割れは漏水するため、水密構造物では補修を要す。0.1mm以下であればコンクリートの自然癒着によりふさがることもある。
構造上の障害	一般に構造上の問題になるひび割れは少ないが、過大外力による場合、設計ミスなどの場合には最も危険な障害となりうる。

5.2　ひび割れの種類と発生原因

5.2.1　ひび割れの種類

　コンクリートの引張強度は、圧縮強度の約1／10と極端に小さく、引張応力に対する伸び能力もひずみ量で約100μ*と小さい。ところが、コンクリートは硬化後も種々の原因により比較的大きな変形を生じ、ひび割れを発生させることが多い。このようなことから、ひび割れはコンクリートにとってなかば宿命的なものであるといわれている。

　コンクリート構造物に発生するひび割れの原因は、**表-5.2**に示すように、材料上、施工上、環境上、構造上のものなど多種多様であり、これらの原因が複雑にからみ合ってひび割れが発生することが多い。

---

*μ（マイクロ）とは、補助単位の10^{-6}である。ひずみ量を示す時に用いられ、全体の長さに対する変形量の比で示され、$1\mu=1.0\times10^{-6}$である。すなわち100μとは、1mにつき0.1mmの変形量を意味する。

5.2.2　材料と配合の不備によるひび割れ

　使用材料や配合によって生ずるひび割れの原因には、**図-5.1**、**図-5.2**、**表-5.2**(a)に示すようなものがあげられる。これらの原因によるものの多くは、材料および配合を適正なものとすることによって防ぐことができる。

　しかし、乾燥収縮によるひび割れ（乾燥収縮ひび割れ）とセメントの水和熱によるひび割れ（温度ひび割れ）については、コンクリートにとって宿命的なものともいうことができ、確実に防止することは難しい。ここでは、これらの2つの原因のひび割れについて述べる。

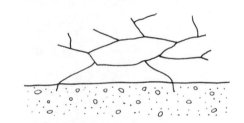

図-5.1　骨材中の泥分やセメントの異常膨張によるひび割れ

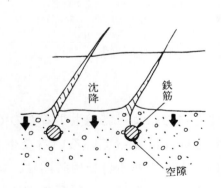

（**a**）　鉄筋に沿って生ずる場合

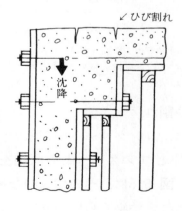

（**b**）　断面の変わるところに生ずる場合

図-5.2　コンクリートの沈下およびブリーディングによるひび割れ

表-5.2　コンクリートのひび割れの原因と特徴

区　分	ひび割れの原因		ひび割れの特徴
(a) 材料上の原因	セメントの異常凝結		比較的早期に短く不規則に発生
	セメントの異常膨張		放射形の網目状に発生
	コンクリートの沈下とブリーディング		打設後1〜2時間で，鉄筋の上部や壁と床の境目などに継続的に発生
	骨材中の泥分		コンクリートの乾燥につれて，不規則に網目状に発生
	骨材中の塩分		鉄筋の位置付近に比較的大きなひび割れが生じ，錆汁が出ることが多い
	セメントの水和熱		断面の大きいコンクリートで1〜2週間してからほぼ等間隔に規則的に貫通して発生することが多い。表面だけの場合もある。
	コンクリートの収縮		2〜3か月してから発生し，次第に成長。開口部や柱・はりにかこまれた隅角部は斜めに，細長い床・壁・はりなどにほぼ等間隔に垂直に発生
	反応性骨材，風化岩の使用		多湿な箇所に多くコンクリート内部からボツボツ爆裂状に発生したり，表面に大きなひび割れが生ずる
(b) 施工上の原因	長時間の練混ぜ，運搬		全面に網目状または短く不規則に発生
	打設時のセメント量・水量の増量		コンクリートの沈下・ブリーディング・乾燥収縮によるものが発生しやすい
	鉄筋のかぶり厚さの減少		配筋・配管の表面にそって発生
	急激な打込み		コンクリートの沈下・ブリーディング・型枠のはらみによるものが発生しやすい
	不均一な打込み・締固め		各種のひび割れの起点となりやすい
	型枠のはらみ		型枠の動いた方向に平行して部分的に発生
	打継ぎ処理の不良		コンクリート打継ぎ箇所やコールドジョイントなどに発生
	硬化前の振動・衝撃		外力によるものと同様
	初期養生の不良	急激な乾燥	打込み直後，表面の各部分に短く不規則に発生
		初期凍結	表面に細かく発生
	支保工の沈下		床やはりの端部上方および中央部下端などに発生
(c) 環境上の原因	気温・湿度の変化		温度・湿度変化に応じて変動
	コンクリート部材両面の温・湿度差		低温側または低湿側の表面に発生
	凍結融解の繰返し		表面がはく離し，ボロボロになる
	火災・表面加熱		表面全体に細かく亀甲状に発生
	内部鉄筋の錆化膨張		鉄筋にそって発生し，かぶりコンクリートがはく落したりさび汁が流出したりする
	酸・塩類の化学作用		コンクリート表面におかされたり，膨張性物質が形成され全面に発生
(d) 構造上の原因	過大荷重	曲　げ	はりや床の引張側に垂直に発生
		せん断	柱・はり・壁などに45°方向に発生
	断面・鉄筋量不足		過大荷重によるものと類似
	構造物の不同沈下		45°方向に大きく発生

(1) 乾燥収縮ひび割れ

　このひび割れは、コンクリート中の水分が乾燥することによって発生するもので、気温や湿度などの環境条件とコンクリートの収縮を拘束する条件によっていろいろな生じ方をする。図-5.3、図-5.4、図-5.5は、その代表的な例をあげたものである。発生時期は、コンクリート打込み後1、2ヶ月〜半年ぐらいの間で、気温や湿度、コンクリート断面などの条件によって相当長期にわたって拡幅、伸長するものもある。

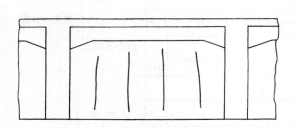

図-5.3　壁に発生する乾燥収縮ひび割れ

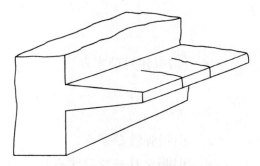

図-5.4　スラブに発生する乾燥収縮ひび割れ

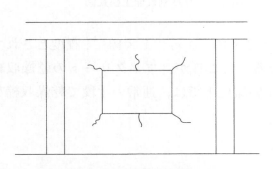

図-5.5　開口部に発生する乾燥収縮ひび割れ

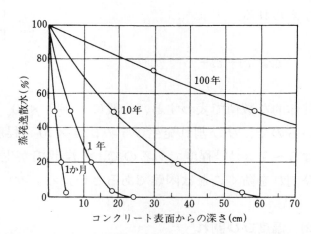

図-5.6　相対湿度50％以下におけるコンクリートの理論乾燥速度

　ひび割れ幅は0.05～1.5mmぐらいのものが多いが、無筋のものでは1～3mmに及ぶものもある。乾燥収縮の程度は条件によって異なるが、一般に雨水などを受けるような場合は、内部まで乾燥するのにかなり長い時間を要する（**図-5.6**参照）ので、乾燥収縮ひび割れは表面近くでとどまっているものが多い。

　また、乾燥収縮を増大させる間接的な原因としては、不適当な配合設計、好ましくない骨材、練混ぜ水の多量使用などがあげられる。乾燥収縮を少なくするためには、単位水量をできるだけ少なくするような配慮が必要である。

　ここで、乾燥収縮によるひび割れの発生状態のモデルを示すと、**図-5.7**のようになる。無拘束状態でのコンクリート(a)が乾燥収縮により自由収縮して(b)になったとすると乾燥収縮(c)は

$$\varepsilon_f = \frac{\Delta l_1}{l_0}$$

で表わされる。しかし収縮は構造部材のおかれる条件によって拘束され、実際の収縮量は ε_f より小さくなる。すなわち、**図-5.7**(d)の状態となる。ここで、$\Delta l_2{'}$ は拘束物体の追随量で、Δl_2 は部材の伸び量である。

いま

$$\frac{\Delta l_2{}^{'}}{l_0} = \varepsilon_r \ (拘束体のひずみ)$$

$$\frac{\Delta l_2{}^{'}}{l_0} = \varepsilon_e + \varepsilon_p$$

$\quad (\varepsilon_e: 引張弾性ひずみ、$

$\quad\ \ \varepsilon_p: 引張クリープひずみ)$

とすると、ひび割れ発生条件式は次式で
与えられる。

$$\varepsilon_f \geqq \varepsilon_e + \varepsilon_p + \varepsilon_r$$

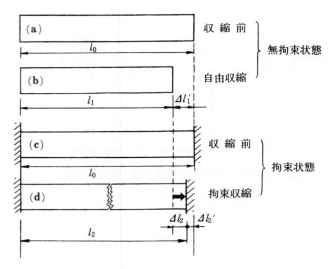

図-5.7　ひび割れ発生模式図

具体的な数値で表わすと、一般に $\varepsilon_e = 1 \times 10^{-4}$、$\varepsilon_p = 2 \times 10^{-4}$、$\varepsilon_r = 1 \times 10^{-4}$、程度とされて
いるので、ひび割れ発生ひずみは 4×10^{-4} 程度となる。ところが、コンクリートの乾燥収縮
は $5 \sim 7 \times 10^{-4}$ 程度であるので、乾燥収縮が生じやすい環境下では、通常の手段で乾燥収縮ひ
び割れを防ぐことは困難であるといえる。

(2) 温度ひび割れ

　このひび割れは、セメントの水和熱が原因で生ずるもので、発生機構によって次の2つに大
別される。
　① 断面内外の温度差による内部拘束温度ひび割れ（**図-5.8**）
　② 既設構造物による外部拘束温度ひび割れ（**図-5.9**、**写真-5.1**）
　断面内外の温度差によって生ずる内部拘束温度ひび割れは、断面寸法の大きいダムや橋梁基
礎などのマスコンクリート構造物に発生する。ひび割れ深さは通常は小さいので耐久性や水密
性の観点から問題となることは少ないが、美観上は望ましくない。
　既設構造物などによる外部拘束温度ひび割れは、内部温度の降下にともない収縮するコンク
リートを、既設構造物などが拘束し生じるものである。コンクリート温度が外気温程度まで降
下した時期、すなわち材齢1～2週間ごろに貫通して発生する。
　なお、比較的断面の小さい50cm程度の壁体でも、下端が拘束された場合には温度ひび割れ
が発生することがある。
　対策としては、まず、温度上昇量を小さくすることが効果的で、そのため低発熱性のセメン
トを用いたり、単位セメント量を少なくするために良質の混和剤を用いるなどの配合上の対策
を講じ、同時に使用材料やコンクリートを冷却するとか、1回の打上り高さや打設範囲の分割
などの施工上の対策が必要である。（第6章6.4参照）

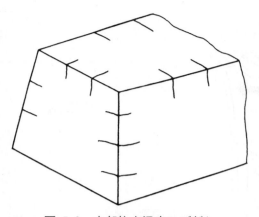

図-5.8　内部拘束温度ひび割れ

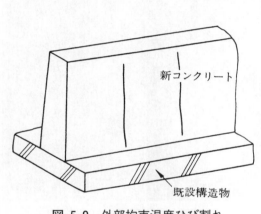

図-5.9　外部拘束温度ひび割れ

新コンクリート

既設構造物

写真-5.1　外部拘束温度ひび割れ

5.2.3　施工の不備による不具合

　施工の不備によって生ずる不具合には**表-5.2(b)**に示すような種々のものがあるが、いずれも施工時の配慮によって発生を防止できる。

　原因別の不具合の一例を**図-5.10**、**図-5.11**、**写真-5.2**、**写真-5.3**、**写真-5.4**に示す。

(1)　運搬の不備による不具合

　コンクリートの運搬時間が長くなると、一般には保水性がよくなり、ブリーディングが減少し、沈降も少なくなるが、打込み後のこわばりが早くなり、**写真-5.4**のようなコールドジョイントなどが発生しやすくなる。運搬時間が短いと沈降は大きいが、コンクリートがまだ十分な流動性をもっているので変化に追従でき、ひび割れはあまり大きくならない。コンクリート温度は運搬時間とともに上昇し、これはひび割れの発生に影響する。

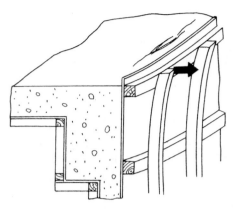

図-5.10 型枠のはらみによるひび割れ

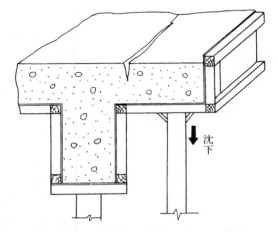

図-5.11 支保工の沈下によるひび割れ

写真-5.2 豆板

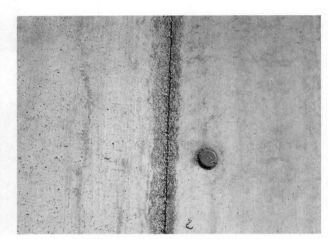

写真-5.3 砂すじ

写真-5.4 コールドジョイント

すなわち、打込み直後の水分の蒸発は、**図-5.12**に示すように、気温およびコンクリート温度が高い程激しくなり、この水分の蒸発が初期ひび割れを発生しやすくさせる。また、温度応力によるひび割れ発生が促進されることにつながる。

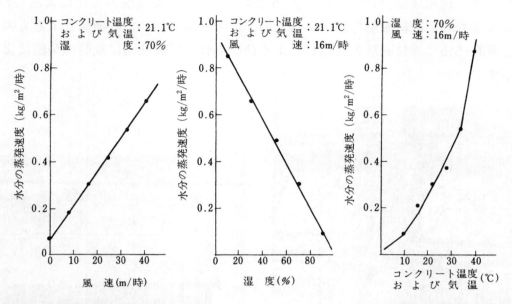

図-5.12　水分の蒸発速度に及ぼす、風速、湿度、コンクリート温度および気温の影響（W.Lerchの実験の抜粋）

(2)　打込み、締固めの不備によるひび割れ

コンクリート打込み時の落下高さが大きいと、材料の分離や型枠のはらみを生ずるだけでなく、衝撃によって配筋が乱さたり、スペーサがはずれたりするおそれがある。鉄筋コンクリート造における鉄筋は、その質と量のほかに位置が重要で、型枠の寸法精度と同様に確実に維持されなければならない。とくにコンクリートポンプを使う場合などに配筋を乱さないような注意が必要で、もし鉄筋の位置がずれると、剛性が不十分となり、たわみが生じたり、ひび割れが入るおそれがある。

また、締固めが不十分なコンクリートは強度や耐久性が低下するばかりでなく、収縮も増大するので、コンクリート打設に際しては十分な締固めを行うことが大切である。

(3)　養生方法の不備によるひび割れ

打込み直後からの水分の蒸発は、気温の高いとき、風の強いときに激しいが、これは初期ひび割れの発生の大きな原因となる（**図-5.12**参照）。このため、適切な養生方法を採用しなければならない。

マスコンクリート構造物や寒中で施工では、保温養生が望ましく、急激に寒気にさらして表面における温度差を大きくするとひび割れが発生することが多いので注意を要する。

5.2.4 その他の原因によるひび割れ

(1) 環境条件に起因するひび割れ

　環境条件などに起因するひび割れは、**表-5.2(c)**に示すような気温の変化によるもの、温度・湿度の差によるもの、凍結融解作用によるもの、塩害環境においての発錆によるものなどがあげられる。**写真-5.5**に凍結融解の繰返しによるひび割れ、**写真-5.6**に鉄筋の発錆によるひび割れの例を示す。

写真-5.5　凍結融解の繰返しによるひび割れ

写真-5.6　鉄筋の発錆によるひび割れ

(2) 構造、外力によるひび割れ

　この原因によるひび割れは、過大な地震力や外力によるもの、部材断面や鉄筋量の不足によるもの、あるいは構造物の不同沈下によるものなどがある。コンクリートの材料的な性質が原因となるひび割れに比較して、①集中的である、②ひび割れ幅が比較的大きい、③規則的あるいは類型的である、などの特徴がある。**図-5.13**、**図-5.14**、**写真-5.7**にこれらのひび割れの例を示す。

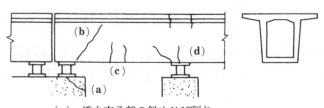

（a）　橋台支承部の斜めひび割れ
（b）　せん断ひび割れ
（c）　曲げひび割れ
（d）　支点上の局部応力過大

図-5.13　外力によるひび割れ

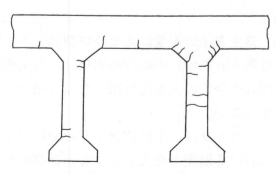

図-5.14　変形によるラーメンのひび割れ

写真-5.7　地震による構造ひび割れ

(3)　社会情勢とひび割れ

　生コンやコンクリートポンプはそれぞれの業界の普及につながったが、コンクリートの施工が分業化され、建設会社が専門工事業者に依存するようになってきた。そのため、材料検査、配合設計、コンクリートの品質管理などに対する建設会社の技術者のコンクリートへの関心は小さくなりつつある。

　すなわち、施工技術の進歩によって省力化と工期の短縮がもたらされたが、逆にコンクリートの品質面の意識を少なからず低下させる仕組みになった。

　また、型枠の転用度を高めるために早期脱型を行うなどのコンクリート施工の急速化が、コンクリートの急激な乾燥、養生不足などにつながっている場合もある。さらに上・下水道工事や、エネルギー関連の貯槽工事などの増大において、ひび割れに対する工事発注者側の姿勢がきびしくなり、これまで問題とされなかったような小さなひび割れまで欠陥としてとりあげられるケースも多くなってきている。

(4)　コンクリートに対する意識低下とひび割れ

　社会情勢の変化にともなう技術者や技能者自体のコンクリートに対する意識の変化も、ひび割れの一つの原因となっている。すなわち、生コン使用とポンプ施工が急速に普及することによってコンクリートの製造や打設が容易になり、コンクリートの品質に関する知識が低下したにもかかわらず、多様化したコンクリート工法による構造物の建設が増大し、また、工期短縮の要請がますます強まってきている。このことなどから、調和のとれたコンクリート施工が行われず、これがひび割れの発生を促している。

5.3　ひび割れ防止対策

　コンクリートに発生するひび割れの原因は、前述したように、一般には多くのものが複雑に作用しあっている。なかでも、コンクリートの乾燥収縮と水和熱による温度応力に起因するひび割れは、最もその事例が多いが、これはコンクリートのなかば宿命的な問題であり、ひび割れを経済的でかつ確実に防止する対策は現状ではいまだに見出されていない。

　したがって、**表-5.3**のようなひび割れ対策もこれによって完全にひび割れが妨げるというものではなく、発生量を少なくし、発生の確率を小さくするためのものであることに注意されたい。

　また、ひび割れ防止対策を考えるに先だち、許容ひび割れ幅をどの程度にするかという点も考えておかなければならない。

　ひび割れ幅を規制することは、鉄筋の腐食防止、水密性の確保、あるいは美観などから必要

表-5.3　ひび割れ防止対策

対策時期	検討項目	具　体　的　な　対　策
コンクリート打設前	設　計　書	1. 外力・構造形態と断面寸法，継目間隔，基礎形態の検討をする。 2. コンクリート強度・鉄筋間隔・鉄筋の量を検討する。 3. 環境温度・外的化学作用，土中・水中の条件，地盤沈下の検討をする。
	使用材料	1. 粗骨材の最大寸法を大きくし，細骨材は適切な粒度・粒形のものを使用する。 2. 風化した骨材を含むものはできるだけ避ける。 3. 工期が短い場合，部材断面が大きい場合は適正なセメントを選定する。 4. 練混ぜ前のセメント・骨材の温度はできるだけ低くする。 5. 単位水量を小さくし，ワーカビリティーを良好にする混和材料を使用する。 6. 水密性・耐久性を増大する適正な混和材料を使用する。
	配合設計	1. 部材断面が大きい場合はできるだけ単位セメント量を少なくする。 2. 施工に支障のない範囲でできるだけスランプを小さくする。 3. 単位水量ができるだけ小さくなるような配合とする。
コンクリート打設中	施工管理方　　法	1. 現場における施工管理体制を強化する。 2. ワーカビリティーが低下しても水を加えない。 3. 打継目のレイタンスは十分清掃して湿潤させ，モルタルなどを敷く。 4. 長時間の練混ぜ，かくはんを必要としないよう，円滑に打設する。 5. 構造物の形状やブリーディング水の排除方法を考え，適正な打込み順序とする。
	型枠・支保工	1. 型枠・支保工は打設中の荷重や側圧に十分耐える構造とする。 2. 型枠は漏水が少ない構造とし，打設前に清掃・散水を行う。 3. 支保工の沈下がないように基礎をしっかりと施工する。
	鉄　　筋	1. 鉄筋の位置・間隔・かぶりが確実に保たれているか調べる。 2. 打設中に配筋を乱さないようにし，もし乱したら，そのつど修正する。
コンクリート打設後	養生方法	1. 打設直後の養生はたえず湿潤状態が保てるものとする。 2. 直射日光，寒気，風雪の影響がある場合はとくに十分な養生を行う。 3. 仮設材の取扱いなどによる振動・衝撃を避ける。
	脱　　型	1. 脱型時のコンクリート自重や外力に十分耐えられる強度であるか確認する。 2. 脱型に際して振動，衝撃を与えないように注意する。

である。コンクリートの表面に発生するひび割れ幅は、測定が容易であることから規制の対象となっているが、有害でないひび割れ幅を具体的に決める根拠はいまのところなく、一般的な数値として**表-5.4**、**表-5.5**、および**表-5.6**が提示されている。また、土木学会標準示方書〔設計編〕では下式に示すように、かぶり厚さに応じて許容ひび割れ幅の標準を定めているが、これは**図-5.15**に示すように鉄筋近傍のひび割れと表面ひび割れ幅がかぶり厚さと相関があるとした前提による。

$$W_{lim} = 0.005C$$

W_{lim}：許容ひび割れ幅

C：かぶり厚さ（mm）

なお、ひび割れ防止対策はコンクリート打設前、打設中、打設後を通じて検討しなければならない。

表-5.4　鋼材腐食の観点からのひび割れの部材性能への影響
（コンクリートひび割れ調査・補修・補強指針－2013－より）

環境条件		塩害・腐食環境下	一般屋外環境下	土中・屋内環境下
ひび割れ幅：w（mm）	0.5＜w	大（20年耐久性）	大（20年耐久性）	大（20年耐久性）
	0.4＜w≦0.5	大（20年耐久性）	大（20年耐久性）	中（20年耐久性）
	0.3＜w≦0.4	大（20年耐久性）	中（20年耐久性）	小（20年耐久性）
	0.2＜w≦0.3	中（20年耐久性）	小（20年耐久性）	小（20年耐久性）
	w≦0.2	小（20年耐久性）	小（20年耐久性）	小（20年耐久性）

※評価結果「小」,「中」,「大」の意味は下記のとおり。
　小：ひび割れが性能低下の原因となっておらず，部材が要求性能を満足する。
　中：ひび割れが性能低下の原因となるが，軽微（簡易）な対策により対処が可能。
　大：ひび割れによる性能低下が顕著であり，部材が要求性能を満足していない。
※※カッコ内の数値は耐久性評価結果を保証できる期間の目安としての年数を示しており，（20年耐久性）
　　はひび割れの評価時点から15〜25年後程度の耐久性評価結果を保証できる期間の目安として設定した
　　ものであり，15〜25年の平均をとって示したものである。

表-5.5　防水性・水密性の観点からのひび割れの部材性能への影響
（コンクリートひび割れ調査・補修・補強指針－2013－より）

環境条件		常時水圧作用環境下		左記以外	
部材厚（mm）		180未満	180以上	180未満	180以上
ひび割れ幅：w（mm）	0.20＜w	大	大	大	大
	0.15＜w≦0.20	大	大	大	中
	0.05＜w≦0.15	中	中	中	小
	w≦0.05	小	小	小	小

※評価結果「小」,「中」,「大」の意味は下記のとおり。
　小：ひび割れが性能低下の原因となっておらず，部材が要求性能を満足する。
　中：ひび割れが性能低下の原因となるが，軽微（簡易）な対策により対処が可能。
　大：ひび割れによる性能低下が顕著であり，部材が要求性能を満足していない。

表-5.6 耐久性上からの許容最大ひび割れ幅

（ACI 224委員会）

条　　　件	許容最大ひび割れ幅（mm）
乾燥空気中あるいは保護層のある場合	0.40
湿空中・土中	0.30
凍結防止剤に接する場合	0.175
海水・潮風により乾・湿の繰返しを受ける場合	0.15
水密構造部材	0.10

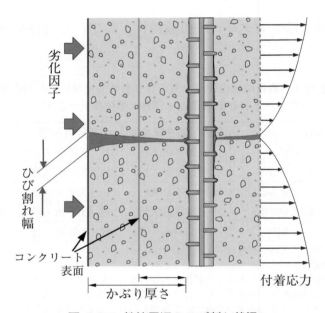

図-5.15 鉄筋周辺のひび割れ状況

5.3.1 コンクリート打込み前の対策

(1) 設計図書の検討

　施工に先だち、設計図書より構造寸法・コンクリート部材の断面寸法・配筋・継目の位置などからの確認を行うことが、少なからずひび割れの発生を防止することにつながる。

　必要以上の強度のコンクリートをつくろうとすると、単位セメント量が増大するため、温度ひび割れが生じやすくなる。複雑な配筋状態の箇所にはコンクリートが十分にゆきわたり難いため、そこが欠陥となって残るので、打込み方法や適正なスランプなども考慮の上、配筋や配合計画を十分に検討することが大切である。

(2)　使用材料の検討

　材料の性質そのものが大きな原因となることは、通常の場合比較的少ないが、良質な材料を使用することによって、体積変化率が小さくなる配合設計が可能となり、ひび割れ防止に効果がある。

　骨材の最大寸法はできるだけ大きくすることが、単位水量を減らすことになり、乾燥収縮を低減するために有効である。とくに粗骨材の粒度、粗粒率は単位水量に与える影響が大きい。

　山砂、山砂利は泥分が多く含まれることが多いため、コンクリートのワーカビリティーが悪くなることがある。そのため単位水量が増え、乾燥収縮が大きく、ひび割れが発生しやすくなるので、これらの骨材の使用に際しては注意が必要である。

　海砂を使用すると、含有塩分により凝結速度が速くなったり、鉄筋が腐食しやすくなるため、コンクリート用として使用されるには、水洗いにより除塩を行う。そのため、骨材中の微粒分が失われて粒度が悪くなり、ワーカビリティーが低下し、ブリーディングが増加する。細粒分を含む骨材と混合して使用することが好ましい。なお、貝がらの混入については、中空の貝がらでなければ影響は小さい。

　セメントの種類、品質が直接ひび割れの発生を左右することは少ないが、とくに製造直後の温度の高いセメントの使用は避けなければならない。暑中コンクリートやマスコン対策などでは、セメントを低発熱性のものにすることも効果的である。

　混和材料には非常に多くの種類のものがあるが、その中にはコンクリートのある一つの性質を改良するために他の性質を犠牲にするものも多いので、その使用には十分な注意が必要である。乾燥収縮ひび割れや温度ひび割れに対しては、減水効果の高い混和剤の使用が効果的である。流動化剤を使用する場合は、使用方法によっては良好な効果が期待できるが、その性質を十分に把握した上で使用することが望ましい。

(3)　配合の検討

　単位水量が多いほど、スランプが大きいほど、コンクリートの乾燥収縮は大きくなり、さらに単位セメント量が多いほど、ひび割れ発生の危険が大きくなる。したがって、これらの傾向を十分に考慮したうえで、コンクリートの配合設計を行わなければならない。とくに、乾燥収縮の低減を必要とする場合には、必ず適正な混和剤を使用して、単位水量の低減を図る必要がある。また、膨張性混和材の使用も有効であるが、これの使用にあたっては、練混ぜ、締固め、養生、混入量に特別な配慮が必要である。

(4)　打設計画の検討

　現場の受入れ設備、現場の段取りを考慮した待ち時間、荷卸し時間、コンクリートの運搬時間、ポンプの設置場所、ポンプ性能、1 日の打設量と配車計画、品質管理のための試験などについて詳細に検討して打設計画を立案し、練り混ぜたコンクリートをできるだけ早く均質に打ち込むことが大切である。また、温度ひび割れ対策としては、温度の上昇を押さえるように打込み区画および順序を検討することが必要である。

5.3.2　コンクリート打込み中の対策

(1)　施工管理方法の検討

　コンクリートは、ある程度の品質変動を避けることはできないが、現場における施工管理体制を強化し、品質管理の徹底を図れば、品質変動の少ない良いコンクリートをつくることが可能である。最近の骨材や交通事情その他を考えると、ワーカビリティーの低下した生コンが到着することも考えられるが、決して現場で水を加えてはならない。水を加えるとコンクリート強度は低下し、収縮量も増大するので、ひび割れ発生の可能性が大きくなる。また、打継ぎ部はレイタンスを除去し、先行コンクリートを十分清掃して打ち継ぐことが必要である。

(2)　型枠工の検討

　型枠が強固でないと、コンクリートの自重、作業荷重、側圧などで型枠がはらみ、コンクリートが流動したり変形してひび割れが発生する。また、せき板が乾燥していたり、高温になっていたりすると、コンクリート中の水分を吸収し、初期ひび割れが発生することがある。そのため、コンクリート打設前に型枠の清掃、散水を行うことが大切である。

(3)　配筋上の検討

　コンクリートの打込みに際しては、配筋の上でコンクリート圧送用のフレキシブルホースをむやみに移動させたり、作業者が直接配筋にのったりすると、配筋が乱れることがよくある。したがって、鉄筋を正しい位置、間隔に配置し、さらにコンクリートの打設時に配筋が乱れることのないように、作業足場を設けることとともに鉄筋が正しく保持されるよう十分に注意しなければならない。

5.3.3　コンクリート打込み後の対策

(1)　養生方法の検討

　コンクリートの打込み直後は、その硬化作用を十分に発揮させ、できるだけ乾燥収縮などによるひび割れを生じないように一定期間湿潤状態に保ち、有害な振動、衝撃などが加わらないように養生をしなければならない。とくに打設後の初期養生はコンクリートの品質にとってとくに大切であるので、仮設材の取扱いなどによって生ずる振動や衝撃を与えないよう注意することが大切である。

(2)　型枠の存置期間の検討

　型枠はコンクリートを所定の形状、寸法につくるだけでなく、コンクリートが所要の品質に達するまでの養生も兼ねている。コンクリートの強度が十分に発現しないうちに型枠を脱型すると、脱型時の振動や衝撃などによってコンクリートが局部破壊したり、養生不足と乾燥によりひび割れが発生する場合がある。

5.4　ひび割れの調査

5.4.1　ひび割れ調査の必要性

　コンクリート構造物にひび割れあるいはその他の欠陥が生じれば、その構造物の用途や重要度に応じた補修や補強が行われる。その第1段階としてひび割れの調査が必要である。

　この調査は、発生したひび割れの原因を明らかにして、今後ひび割れが大きくなるものかどうかを検討し、さらに構造物に与える影響を明らかにして、補修対策などの事後処理を決定するための重要な仕事である。

　すなわち、ひび割れが発生した場合、単に補修するだけではなく、その原因となっているものを取り除くことが必要である。

5.4.2　ひび割れ調査の方法

　ひび割れ調査に際しては、まず、①材料の性質によるものか、構造的なものかの区別、②それが進行しているか否か、の2点を見分けることに重点をおき、調査を進める。**表-5.7**にひび割れ調査項目を示す。

(1)　ひび割れ状況の調査

　ひび割れ状況の調査として、ひび割れ分布図を必要に応じて平面図、側面図、展開図などに書き込み、ひび割れ幅をクラックスケール（**写真-5.8**）やスケールルーペなどで測定し、記入する。**図-5.16**にひび割れの調査図の一例を示す。

　そのほか、ひび割れ深さ、ひび割れの進行性などについても必要に応じて調査する。

　ひび割れの深さについては、はつって確認する方法、コアボーリングによる方法、超音波による方法（**図-5.17**）などがある。ひび割れの進行性については、**図-5.18**に示すようにテーパーピンによる方法、エンドマークによる方法、コンタクトゲージによる方法、ストレインゲージによる方法などがある。

(2)　ひび割れ発生時期の調査

　発見した時期とその時点での状況によって、現場担当者などからの意見にもとづいて推定を行う。発見時期は発生時期と異なることに注意が必要である。

(3)　使用材料と配合の調査

　セメント、骨材の物性および貯蔵状態など、配合計算書、各材料の成績書、現場担当者の意見などにより調査する。実際は配合計画書と異なる場合が多いので注意を要する。

表-5.7 ひび割れ調査項目

区分		調査項目
概要	構 造 物 の 概 要	工事名称，構造形式，位置，平面図，断面図，方位，使用目的，使用経過，目的の構造と間隔，排水方向
	設 計 ・ 施 工 者	発注者，設計監理者，建設業者，協力業者，生コン業者
	現 況 の 概 要	全景写真，各部拡大写真，ひび割れ状況写真，ひび割れ状況図
構造物の現況	構 造 物 の 変 形	沈下，たわみ，ねじれ，水平移動，波打ち，膨張，収縮
	被 害 箇 所	はり，柱，壁，床の現況
	コンクリート表面の初 期 の 状 況	平滑度，表面気泡，砂のすじ，ブリーディングによる溝，豆板，軟弱部，コールドジョイント，汚れ
	コンクリート表面の現 況	全体の状況，表面はく離，空隙，くぼみ，中空部，付着物，劣化，浸食，崩壊，分離，変色，骨材と鉄筋の露出と付着，継目部の状態
	ひ び 割 れ の 現 況	位置，発生密度，方向，幅，深さ，規則性，浸出物，湧水量
	コンクリートの性質	強度，密度，中性化深さ，骨材反応の有無，気泡の分布，超音波伝播速度
環境と外力	環 境	海水中，淡水中，波浪，化学作用，浸食，電流，排水状態
	天 候	平均気温，降雨量，凍結融解作用，湿潤と乾燥
	外 力	死荷重，活荷重，衝撃，振動，交通量，震度
	基 礎	基礎の構造，地盤性状，地盤沈下量，地下水位，拘束状況
コンクリート材料	セ メ ン ト	種類，銘柄，化学組成，物理的性質
	骨 材	種類，産地，密度，吸水率，粒度分布，粒形，粗粒率，硬度，岩質，不純物（粘土塊，有機不純物，塩分，微粒分量試験で失われるものなど）
	練 混 ぜ 水	水源，水質，有害物含有量
	混 和 材 料	種類，銘柄，成分，性能試験表，標準使用量
コンクリートの性質	配 合	水セメント比，細骨材率，単位セメント量，単位水量，最大骨材寸法，混和材料混入量
	フレッシュコンクリート	スランプ，空気量，単位容積質量，温度，ブリーディング量，凝結時間
	鉄 筋	材質，径，間隔，かぶり，継手の方法
	硬化コンクリート	1週および4週強度，供試体の養生方法，ヤング係数，密度，気泡分布状態，乾燥収縮，熱的性質
施工方法	材 料 の 取 扱 い	骨材およびセメントの貯蔵・取扱い，鉄筋の組立てと配筋方法
	型 枠	種類，支保工，表面の塗布仕上げ，断熱性，はく離剤の種類
	コンクリート作業	プラント，練混ぜ方法と時間，運搬方法と時間，品質管理状況，打設方法と機械
	打 設 時 の 対 象	打設日時，降雨量，日照状況，雪，風，温度，湿度
	仕 上 げ	仕上げ方法と機械
	養 生	養生方法，養生材料，表面処理剤，養生期間
	脱 型	脱型日時，脱型方法，脱型時の状況，ひび割れの有無

(4) 施工方法の調査

　施工計画と実際の施工状況について、生コンの運搬時間、施工中のトラブルの有無、施工機械、施工時の気象条件などを中心に調査する。とくに、現場担当者から直接実情を聞くことが大切である。

⑸　作用する外力の調査

　構造物に加わったと思われる外力、施工中の短期荷重および土圧などの種々の荷重の大きさと、いつからいつまでどのように加わったかについて調査する。

⑹　設計図書の検討

　構造計算書や設計図書について再検討を行う。とくに、ひび割れの発生箇所については、部分的な断面の応力計算を行うとともに、ひび割れを生じさせる力の方向と、その力の作用する可能性を調べる。

⑺　基礎および地盤の調査

　構造物周辺の地形や地盤の土質性状、地盤沈下、斜面の安定状態、基礎の構造形式および施工状況などについて調査し、沈下、水平移動、傾斜などの状況を調べる。

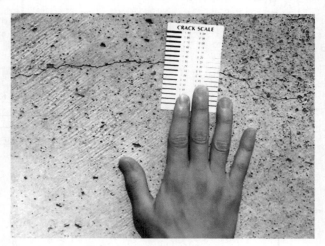

写真-5.8　クラックスケール

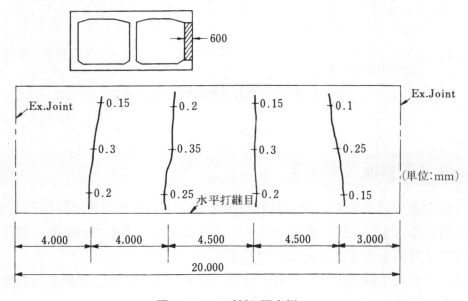

図-5.16　ひび割れ調査例

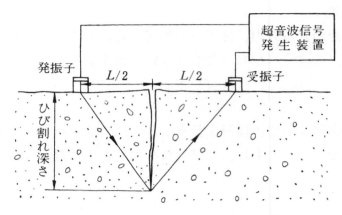

図-5.17 超音波によるひび割れ深さの測定

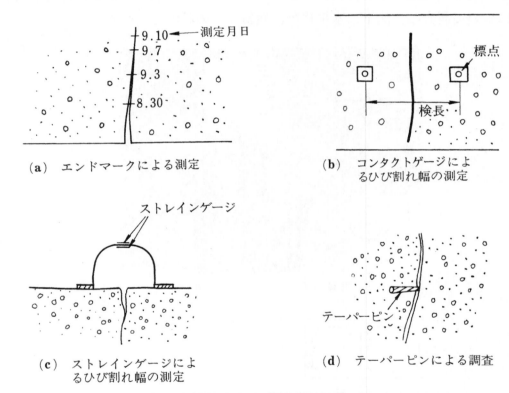

（a） エンドマークによる測定

（b） コンタクトゲージによるひび割れ幅の測定

（c） ストレインゲージによるひび割れ幅の測定

（d） テーパーピンによる調査

図-5.18 ひび割れの進行性の調査方法

5.4.3　ひび割れ原因の推定

　以上のような調査の結果から、ひび割れ原因を推定することが第2段階として必要となる。ひび割れの原因となるものには、表-5.2に示すように数多くのものがあり、ばく然と原因を考えているだけでは判断を誤ることになってしまう。

　ひび割れは、その発生原因によって発生時期、発生パターンなどが異なるため、系統的に原因を追及するとわかりやすい。

5.5　ひび割れの補修と補強

5.5.1　補修と補強の要否の判定

　補修、補強の要否の判定は、調査結果および原因の推定結果にもとづき、構造物の耐久性、防水性、強度上、あるいは美観上の問題を考慮して行う。

　ここで、補修とは強度上の問題がなく、耐久性、防水性などの面からの修理を要するものをいい、補強とはそれ以降に増加すると思われる死荷重、供用後の活荷重、地震力などに対して強度上の問題がある場合に講じる対策をいう。

　ひび割れ幅に応ずる各種補修・補強工法を**表-5.8**に示す。

表-5.8　ひび割れ幅に応ずる各種補修補強工法の分類

条件＼工法		表面処理工法	充てん工法		注入工法			鋼製アンカープレストレスなど
			流込み	V(U)カット	手動	足踏み	電動	
目　的		美　観耐　久　性	耐　久　性防　水　性		耐　久　性防　水　性			構造耐力などの補強
材料	ひび割れの動き大	ポリウレタンポリサルファイドシリコン	ポリウレタンポリサルファイドシリコン		ポリウレタンゴムアスファルト			アンカー用棒鋼（ステンレス，普通鋼材かすがいなど）PC鋼棒，エポキシ[1]ポリエステル[2]ポリマーセメント[2]鋼板，通常のコンクリートおよび鉄筋
	ひび割れの動き小	エポキシ系材料ポリマーセメントアスファルトセメントモルタル	エポキシ系材料ポリマーセメントアスファルトセメントモルタル鉛コーキング		エポキシ，ポリエステル，ポリマーセメント，セメントペースト，セメントモルタル（フライアッシュ，膨張材の混入も含む）ポリマーセメントモルタル			
ひび割れ幅(mm)	0.2以下	○		○				とくに対応なし
	0.2〜3.0			○	○	○	○	
	3.0以上		○	○	○	○	○	

（注）　1)　流込み材または張付け材として用いる。　　2)　流込み材として用いる。

5.5.2　補修方法

　補修方法としては次のような方法がとられる。

(1)　ひび割れの表面をシールする方法（表面処理工法）
　この方法（**図-5.19**）は、ひび割れ幅が非常に小さく（一般に0.2mm以下）、進行性がない場合に行われ、弾性のある低粘性エポキシ樹脂やグラスクロスに樹脂を含浸させたものなどで表面をシールするものである。ひび割れ幅が変動する可能性のある場合には、伸縮性のあるタールエポキシなどが用いられる。

施工に際しては、まずワイヤブラシなどでコンクリート表面の目荒しおよび清掃を行い、十分に乾燥させた後、縁切りをした上で被膜を施す。

(2)　充てん工法

　ひび割れ幅が比較的大きい場合の補修方法としては、**図-5.20**に示すような充てん工法が適している。充てん材料としては樹脂モルタル、セメントモルタル、シリコンなどが用いられる。

　充てん用の溝は、Ｖ形とＵ形があり、Ｖ形は、はつりやすいが、充てん材のはく離もしやすいという欠点がある。Ｕ形は、充てん材のはく離が生じにくい。

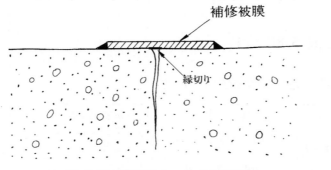

図-5.19　表面をシールする方法

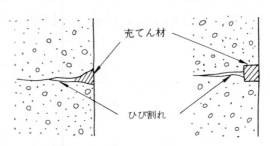

図-5.20　充てん工法

(3)　注入工法

　ひび割れ表面だけの補修でなく、内部まで充てんする方法としては、注入工法が一般に多く用いられている。注入材料としては、低粘性のエポキシ樹脂やポリエステル、ポリマーセメントペーストなどがある。

　この方法はひび割れ幅が0.2mm以上の場合に適用され、それより細いひび割れでは表面でつまってしまい、内部まで浸透しないことが多い。

　注入工法は、**図-5.21**のようにひび割れに沿って注入用パイプを取付け、表面被膜あるいは粘着テープなどで注入材がもれないようにシールし、手動注入ガンや電動ポンプなどで樹脂を注入する方法である。

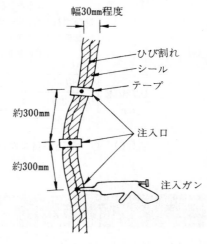

図-5.21　注入工法

5.5.3　補強方法

(1)　鋼板接着による方法

　鋼板を接着剤あるいはアンカーボルトなどで張り付け、補強する方法であり、比較的簡単に施工できる（**図-5.22**）。

(2)　プレストレストの導入による方法

　図-5.23(a)(b)のように、ひび割れを直角に締めつけるようにPC鋼棒を配置し、これにプレストレスを導入することによって補強する方法があるが、構造物にPC鋼材用の穴をあけることによって鉄筋を傷める恐れがあるので、施工に際しては細心の注意が必要である。また、**図-5.23**(c)のように構造物を傷めないで構造物全体を補強する方法もある。

(3)　その他の方法

　その他の補強方法としては、次のような方法がある。
　①　ひび割れ箇所をはつり、鉄筋を配置後に新しくコンクリートを打ち足す方法（**図-5.24**）
　②　かすがい形の鋼製アンカーを、ひび割れをまたぐように取付け定着する方法、アンカーの脚は、コンクリートにドリルを用いて穴を開けて挿入した後、セメントモルタルや樹脂モルタルを充てんする。

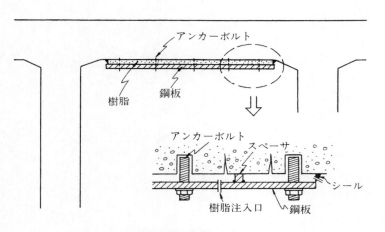

図-5.22　鋼板接着による補強

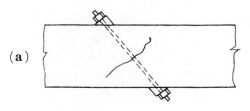

(a)

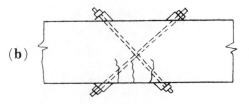

(b)

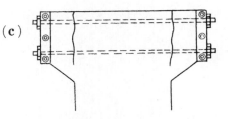

(c)

図-5.23　PC鋼材による補強

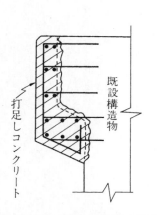

図-5.24　コンクリートの打足しによる補強

第6章
特別な配慮が必要なコンクリート

6.1 様々な条件下で施工されるコンクリート

　特殊なコンクリートとひとくちにいっても、特殊な環境下に施工されるコンクリート、特殊な材料を用いたコンクリート、特殊工法によるコンクリートなど、さまざまな特殊コンクリートがあり、**図-6.1**のように分類できる。

　ここでは、特殊コンクリートのなかでも、その頻度が多い寒中コンクリート、暑中コンクリート、マスコンクリートおよび水中コンクリートを主体に、それらの基本的な施工要領と注意点について説明し、その他の特殊なコンクリートについては概略的に示す。

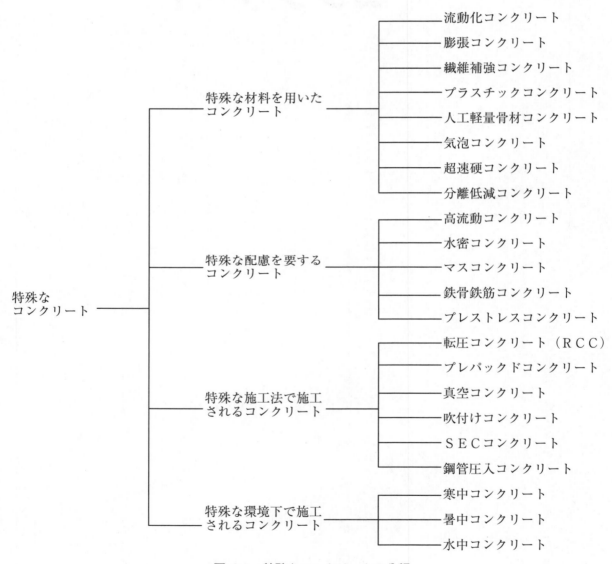

図-6.1　特殊なコンクリートの分類

6.2　寒中コンクリート

6.2.1　寒中コンクリートの時期

　寒中コンクリートの施工の準備をしなければならない時期は、コンクリート示方書によれば、日平均気温が4℃以下になると予想される気象条件とされている。

　寒中コンクリートの施工にあたっては、打ち込んだコンクリートが凝結・硬化の初期に凍結しないよう、凍結するおそれのあるときには寒中コンクリートと考えてそれに備えることが大切である。

6.2.2　寒中コンクリートの施工の目標

　コンクリート内部の水分は、0℃では凍結しないが、およそ−0.5～−2.0℃で凍結するといわれている。コンクリートが凍結すると、セメントと水の水和反応が停止したりあるいは著しく低下し、強度の増進は期待できなくなる。

　凍結しなくても、低い温度のままでは水和反応は緩慢になる。フレッシュコンクリートの段階に凍結してしまうと、コンクリート中の水分が凍結により膨張し、氷が融けた時にそのまま空隙として残り、その後十分な養生をしたとしても、空隙による組織のゆるみのため、強度の増進はほとんど期待できない（**図-6.2**）。

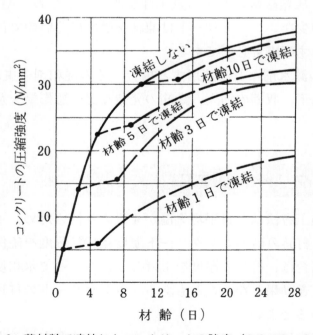

図-6.2　若材齢で凍結したコンクリートの強度（C.C.Wileyの実験）

そこで、寒中コンクリートの施工にあたっては、次の点について考慮する。

1）凝結・硬化課程の初期に凍結させないよう、必要に応じて給熱あるいは保温養生を行う。

2）若材齢で凍結融解作用を受けるおそれのあるコンクリートは、十分な抵抗性を持つまで養生を継続する。

3）施工中予想される荷重に対して、十分に安全なように現場における強度を確認、管理を行う。

4）工事中だけでなく、完成構造物として供用中に必要とされる強度、耐久性、水密性を確保することを確認する。

6.2.3　材料および配合上の留意点

　寒中コンクリートは凍害を受ける恐れがあるため、強度がそれに抵抗できない若材齢の期間をできるだけ短くすることが望ましく、強度発現の早い早強ポルトランドセメントの使用が適しているが、一般には流通やコスト面から普通ポルトランドセメントが用いられることが多い。低発熱性セメントや混合セメントは、一般的に強度発現が比較的遅いので、寒中コンクリートとしては適さない。ただし、部材の厚いコンクリート構造物においては、コンクリート自身の水和熱により、部材内部の温度が上昇し、強度発現が進みやすい。逆に、表面と内部の温度差が大きくなり、ひび割れが発生する危険があるので、このような場合は温度上昇速度の速いセメントの使用は避けるか表面の温度が外気温の影響を受けないように配慮する。

　コンクリートの使用材料はできるだけ低温にならないように保管する。セメント以外の材料は必要に応じて適切な設備で加熱するとよいが、できない場合は少なくとも保温用シートで覆うなどして貯蔵し、氷雪の混入や凍結を防ぐ。

　寒中コンクリートは、凍結融解に対する抵抗性を改善するため、AEコンクリートとするとよい。また、単位水量の少ないコンクリートは凍結を受けにくいので作業に適する範囲内でできるだけ単位水量を減らす配慮も必要である。

　硬化促進剤や促進形の減水剤などを使用する場合、その混和剤の主成分が塩化物であると、長期的強度や耐久性の低下、収縮の増大、鉄筋の発錆などの悪影響を及ぼすことがあるので注意しなければならない。

6.2.4　寒中コンクリートの施工

　寒中コンクリートの施工方法は、日平均気温が4℃より低いため、水和反応が遅れて凍結の恐れがある。そのため、打込み時のコンクリート温度は10℃程度を確保するよう配慮する必要があるが、部材が厚い場合は、打込み温度を上げると、かえって水和反応による温度ひび割れが発生しやすくなるなど逆効果となることもある。コンクリートの打込み温度は5℃を下回らない範囲で目標値を定めるとよい。

　寒中コンクリートの養生は、コンクリートの品質を大きく左右する大切な作業で、とくに凍

結しないよう保護し、風を防ぎ、目標の強度に達するまでは外力からの保護に配慮しなければならない。養生中のコンクリート温度は5℃以上に保ち、寒さが厳しい場合や部材が薄い場合は、これを10℃程度とすることが望ましい。養生日数のだいたいの目安を**表-6.1**に示す。また、初期凍害を防ぐために、養生終了時に必要となる圧縮強度の標準値を**表-6.2**に示す。

　また、型枠は保温性のよいものを用いるのを原則とし、型枠の取り外しに際しては、コンクリートの表面で急激な冷却が生じないようにし、必要な強度が得られた後もなるべく長期間型枠を残しておくことが望ましい。

表-6.1　所要の圧縮強度を得る温度制御養生期間の目安（土木学会コンクリート標準示方書【施工編】）

5℃以上で温度制御養生と所定の湿潤養生を行った後に想定される気象条件	養生温度	セメントの種類		
		早強ポルトランドセメント	普通ポルトランドセメント	混合セメントB種
(1)　厳しい気象条件	5℃	5日	5日	12日
	10℃	4日	4日	9日
(2)　まれに凍結融解する程度の条件	5℃	3日	3日	5日
	10℃	2日	2日	4日

水セメント比55%の場合の標準的な養生期間

表-6.2　初期凍害を防止するために必要となる圧縮強度の目安（N/mm²）

5℃以上で温度制御養生と所定の湿潤養生を行ったに想定される気象条件	断面の大きさ		
	薄い断面	普通の場合	厚い場合
(1)　厳しい気象条件	15	12	10
(2)　まれに凍結融解する程度の気象条件	5	5	5

（土木学会コンクリト標準示方書【施工編】）

6.3　暑中コンクリート

6.3.1　暑中コンクリートの時期

　暑い季節にコンクリートを施工する場合、気温の上昇に伴ってコンクリートの打込み時の温度も高くなる。そのため、コンクリート表面からの水の蒸発が多くなり、コンクリートは軟らかさが失われやすく、輸送中のスランプの低下、過早な凝結によるこわばり、水和熱の上昇、長期的強度の減少、急速な水分の蒸発・乾燥によるコンクリート表面のひび割れ発生、などの悪影響が生じる。とくにコンクリートの打込み時の温度が30℃を超えると、これらの影響が顕著となる。そのため、コンクリート示方書解説では、日平均気温が25℃を超える時期のコンクリートの施工では、暑中コンクリートの施工ができる準備をするように示している。

6.3.2　材料上の留意点

　セメントは、生産時の熱のため、しばしば高温のまま供給される。生産のピーク時で品不足の折にはとくにこの傾向が強い。**図-6.3**に示すように、セメントの温度の変化が生コンクリートの温度に及ぼす影響は他の材料と比べて小さいが、暑中においては、高温のセメントの使用は避けたほうがよい。また夏季においては、中庸熱ポルトランドセメント、低熱ポルトランドセメント、フライアッシュセメントなど、水和熱の小さいセメントを用いる配慮も必要である。

　骨材はコンクリート中の容積の約7割を占めるため、コンクリート温度を低下させるのには、骨材を冷却することが最も効果的であるが、冷却施設が大規模となり、コスト面からこの方法は一般にはあまり採用されない。しかし、コンクリートの温度が上がることは温度ひび割れを生じやすくするため、少なくとも、骨材が日光の直射を受けることを避けたり、骨材に散水することによって冷却効果を期待するなど、温度上昇を抑制することが必要である。

　水は、材料中で最も比熱が大きいため、コンクリート温度に大きく影響を及ぼす。井戸水などの冷たい水を使用することは暑中コンクリートに対して有効であり、練混ぜ水の一部に氷を使用することは、かなりの効果が期待できる。氷が融解するときには、1gにつき19Jの熱を吸収するため、セメント量300kg／m³のコンクリートの練混ぜ水の50％を氷で置き換えると、コンクリートの温度低下が約12℃程度期待できることになる。ただし、練混ぜが終了するときまでに氷は完全に溶かしておかねばならない。**図-6.4**に、コンクリート温度に及ぼす練混ぜ水の温度への影響を示す。

　混和剤としては、コンクリートの凝結速度を遅延させ、結果的に水和熱を若干低下させる凝結遅延剤を用いるとよい。

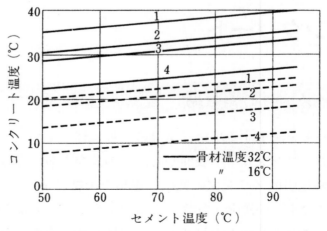

1：練混ぜ水と骨材温度同一　　　3：練混ぜ水の25％を氷と置換
2：練混ぜ水は10℃　　　　　　4：練混ぜ水の50％を氷と置換

図-6.3　コンクリート温度と各材料の温度

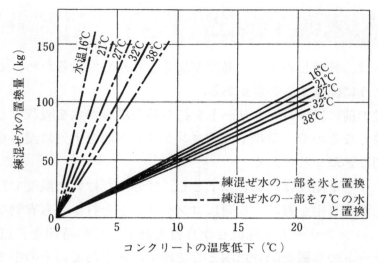

図-6.4　コンクリート温度と練混ぜ水の温度

6.3.3　配合上の留意点

　コンクリートは、温度が高くなると、同じ軟らかさを得るための単位水量が多く必要となる（**図-6.5**）。また、生コンを使用する場合、プラントからの運搬時間が長いとスランプの低下が大きく、荷卸し時のスランプに対して出荷時のスランプを大きくしなければならないため、単位水量が増えることになる。かといって、強度的には水セメント比を一定にしておかなければならないので、単位セメント量もこれによって増やさなければならない。単位水量と単位セメント量が増加することはひび割れの発生に危険性が増すと考え、配合面での配慮が必要である。

　温度による単位水量の補正は、**図-6.5**に示すように、温度10℃の増減に対して単位水量が7kg／m³程度増減するが、この値はスランプや使用材料によって若干の違いがある。コンクリートの温度が30℃のとき、スランプ18cm程度のコンクリートをトラックアジテータで約60分運搬するとスランプは5〜6cm程度低下する。これに対応する単位水量の割増しは8〜12kg／m³程度となる。夏季は単位水量、単位セメント量の増加につながりやすいので、混和剤の適切な使用や、施工計画までさかのぼって、適切な配合が設定できるように考慮することが大切である。

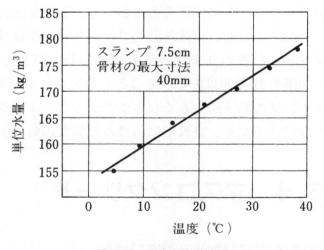

図-6.5　温度と単位水量

6.3.4 暑中コンクリートの施工

　暑中コンクリートは、乾燥しやすく、温度が高くなりがちであるため、できる限りコンクリート温度を下げるように配慮する必要がある。

　コンクリート打設の前には、コンクリートを打ち込む場所が水を吸収するとコンクリートの充てん性や付着が悪くなるので、型枠や既設コンクリート面を十分に湿らせておき、直射日光を避けるなどの適切な処理をしておく。

　打込み時のコンクリート温度は、35℃以下とし、できるだけ低い温度で打ち込むようにする。そのため、気温の上がる日中を避け、夜間にコンクリートを打つのも有効な手段である。

　暑中においては、コンクリートを練混ぜから打ち終るまでの時間を、1.5時間以内とし、そのためにはコンクリートの運搬を60分以内として施工計画をたて、その中でもできるだけ早い時間に打ち込むのが望ましい。また、運搬に際しては、コンクリートが乾燥したり、熱せられたりしないように保護し、生コン車のドラムを直射日光が反射する色にしたり、断熱材を巻くことも有利な方法であり、待機している生コン車に散水する方法も効果がある。

　打ち込まれたコンクリートは、直射日光や熱い風にさらされることのないようにただちに保護し、打込み後、少なくとも24時間は水分の蒸発を避けるよう、水分を補給するような湿潤状態に保つことが必要である。

6.3.5 35℃を超える暑中コンクリート

　近年の地球温暖化により、暑中のコンクリート温度が35℃を超える事態となることが容易に推定されることになった。35℃を超えて打込みができなくなると、工期に影響するため土木学会コンクリート標準示方書において、35℃を超える暑中コンクリートについて規定することになった。ただし、打込み時のコンクリート温度は38℃を超えない範囲としている。さらに、練混ぜから打終わりまでの時間は1.5時間以内とし、2層以上に打ち込む場合は、許容打重ね時間間隔を2.0時間以内とすることが規定されている。これは、コンクリート温度が高くなるほど、スランプの低下が大きくなることからコールドジョイントの発生を予防することを目的とするためだけでなく、炎天下における作業員の耐力消耗などを配慮したものである。

6.4　マスコンクリート

6.4.1　マスコンクリートの定義

　断面寸法が大きいコンクリート構造物は、セメントの水和熱により、部材内部の温度上昇が大きくなる。このような構造物の施工に際しては、マスコンクリートとしての施工上の配慮が必要である。

　マスコンクリートとして扱うのは、一般に部材断面厚が80〜100cm以上、下端が拘束された壁などでは50cm以上のもので、ダムコンクリートはもとより橋梁基礎、橋脚、機械台の基礎、LNG貯蔵、下水処理場などの種々のコンクリート構造物があげられる。

　ダム工事のように施工現場にコンクリートプラントを設置するような場合は、様々な対策を講じることができるが、それ以外のマスコンクリート構造物では、レディーミクストコンクリートを使用しなければならないことが多い。小規模な工事におけるマスコンクリート構造物の場合は、材料の選定や配合を変えるような対策すら満足にできず、結局、ひび割れを発生させてしまう例も少なくない。マスコンクリートに対する対策・処置は、施工段階のみの対応でなく、設計段階においても、ひび割れ制御のための配慮をすることが必要である。

6.4.2　マスコンクリートの問題点

　マスコンクリートでは、セメントの水和熱によって部材内部の温度が上昇し、部材表面から放熱するのに時間を要するため、部材の厚さに応じて部材内部の温度上昇量が大きくなる。このとき、内外の温度差が数10℃以上に達すると、温度の低い表面部分に微細なひび割れが発生することがある。また、コンクリート温度が下降するときに、既設コンクリートなどに拘束されることによって収縮が妨げられ、ひび割れが発生する場合がある。このようなひび割れを温度ひび割れと呼んでいる（第5章5.2.2(2)参照）。

　部材断面の厚さとコンクリート中心の温度の関係を図-6.6に、温度ひび割れの発生概念を図-6.7に示す。

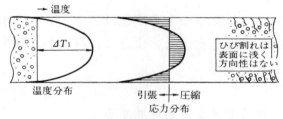
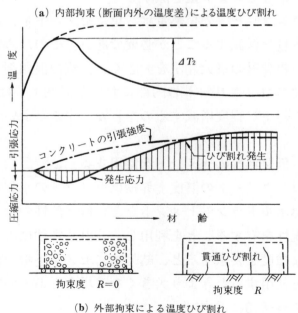

（a）内部拘束（断面内外の温度差）による温度ひび割れ

（b）外部拘束による温度ひび割れ

図-6.7　温度ひび割れの発生概念

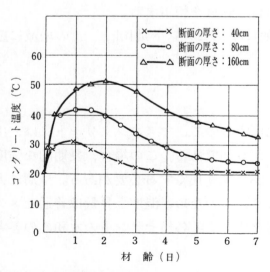

図-6.6　部材断面の厚さとコンクリート中心温度との関係の一例

コンクリートの温度上昇量を予測し、発生応力を解析により求め、温度ひび割れの発生する確率を工事前に予測し、適切な対策を講じることが望ましい。解析方法は有限要素法や簡易解析法があり、コンクリート標準示方書［設計編］に示されているので参照されたい。

　内外の温度差によって生ずるひび割れは、一般に打込み後数日間のうちに発生し、部材内温度がピークを超えた後でも、外部が急速に冷やされるとひび割れが生じることがある。このひび割れは方向性がなく、その幅も通常0.2mm以下である。このようなひび割れを内部拘束温度ひび割れと呼ぶ。

　既設構造物などの外部構造物に拘束されて生ずる温度ひび割れは、マスコンクリートを打ち継いだときの温度上昇とその後の温度降下により、コンクリートが冷却される過程で生ずる収縮を既設コンクリートなどが拘束することによって発生するもので、ひび割れ幅が0.5〜2mm程度にまで達することもある。このようなひび割れを外部拘束温度ひび割れと呼ぶ。

　実際の構造物に発生する温度ひび割れは、一般に、内外の温度差と外部拘束の2つの要因が重複して生ずるものであるが、外部拘束による温度ひび割れは、温度が下降する材齢1〜2週間後に生じ、貫通ひび割れとなることが多い。

6.4.3　材料および配合上の留意点

　マスコンクリートの問題は、セメントの水和熱による内部温度の上昇にあるので、できるだけ内部温度を上げないように、材料および配合を選定することが必要である。以下に、その留意点を示す。

⑴　単位セメント量を減ずる

　コンクリートの発熱量は、単位セメント量に比例して大きくなるため、できるだけ単位セメント量を低減することが必要である。そのためには、施工上支障のない範囲でスランプを小さく、粗骨材の最大寸法を大きく、良質の混和剤、混和材、骨材を使用する。

　マスコンクリートの内部における温度上昇は、一般に単位セメント量10kg／m³の増減に応じて約1℃程度増減するのを目安とするとよい。

⑵　低発熱性のセメントを使用する

　コンクリートの温度上昇量はセメントの水和熱に比例するので、マスコンクリートには、中庸熱ポルトランドセメントなどの低発熱性のセメントが有利である。この場合、長期的な強度発現性を有することを利用し、設計基準強度の材齢を28日より長くする必要がある。早期に大きな強度を要求すると、結果的にセメント量が多くなり、このため、温度上昇量は普通セメントを使用するときより大きくなる場合もあるので注意を要する。各種セメントの水和熱の参考値を**表-6.3**に示す。

表-6.3　各種セメントの水和熱（J／g）

材齢 セメント種別	7 日	28 日	91 日
普通ポルトランドセメント	290〜330	330〜380	380〜420
早強ポルトランドセメント	310〜360	380〜420	400〜440
中庸熱ポルトランドセメント	230〜270	290〜330	310〜360
高 炉 セ メ ン ト B 種	230〜290	310〜360	330〜380
シ リ カ セ メ ン ト A 種	270〜310	310〜360	330〜380
フライアッシュセメントB種	230〜270	290〜330	310〜360

(3) 良質な混和剤を使用する

　減水剤はセメント粒子を分散させる効果をもつため、初期の水和熱を大きくする作用があるが、同一スランプ、同一強度を条件とすると、単位水量と単位セメント量が減らせるため、結果的には温度上昇量を小さくすることができる。とくに遅延形のAE減水剤や高性能AE減水剤が適している。また、流動化剤の使用も効果的である。

(4) 良質の骨材を使用する

　粗骨材の最大寸法が大きいほど、また、粒形のよい骨材を使うほど、同等のスランプに対する単位水量が低減できるため、その結果として単位セメント量が少なくなり、温度上昇量が小さくなる。骨材の選定は、生コン使用を主流とする昨今の情勢からは、なかなか困難であろうが、できる範囲で改善すべきである。粗骨材の最大寸法とスランプおよび単位水量の関係を**図-6.8**に示すが、たとえばスランプ12cmのとき、粗骨材の最大寸法20mmの場合と40mmの場合では約20kg／m³の単位水量の差があり、これを単位セメント量に直すと、W／C＝50％のときでセメント量約40kg／m³の差となる。すなわち温度上昇量で4℃程度の違いとなる。

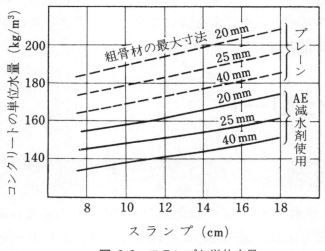

図-6.8　スランプと単位水量

施工面においても、温度の上昇を小さくし、かつ均等な温度分布にすることを目標とする。以下に、留意点を示す。

⑴ 打込み時のコンクリート温度を低くする

打込み温度が低いほど、コンクリートの温度上昇はゆるやかとなり、最高温度も低くなる。打込み時の温度を下げる方法は暑中コンクリートと同等で、練混ぜ水に氷を混ぜたり、砂利を冷却する方法、液体窒素を用いて生コンを直接冷却する方法などがあるが、実際には種々の制約から難しく、実用的な点から、骨材を直射日光から保護する程度の対策をとる場合が多い。

⑵ コンクリートの打込みを円滑に行う

マスコンクリートは、1回に打ち込むコンクリートの量が多いので、コンクリートの製造、運搬、および打込みの能力を、円滑な打込み作業ができるように配慮しなければならない。打込み作業を長時間継続する場合は、締固め作業に支障のないように、凝結遅延剤を用いるのがよい。1回に打ち込む区画と打上り高さ、新コンクリートを打ち継ぐ時期は、ひび割れの発生に影響を及ぼすことのないように、詳細な施工計画により抑制しなければならない。

⑶ 適切な保温、保湿養生を行う

マスコンクリートでは、打込み後、大きな温度上昇および温度の降下を生ずるので、表面の温度降下が急激であればあるほどひび割れが発生しやすくなる。そのため、できるだけゆるやかに温度が降下するような養生方法を採用する必要がある。また、表面が早く乾燥することもひび割れの原因となるので、急冷されない程度の水分を与えるなど、湿潤状態に保たなければならない。打込み後、保温シートなどで覆い、直射日光や寒気にさらされないような処置も効果的である。また、コンクリート表面に水を張れる場合は、できるだけ厚い層で水張りを行なうと、急激な表面の温度変化を防ぐことができる。

6.5 水中コンクリート

6.5.1 水中におけるコンクリートの施工方法

水中コンクリートとは、淡水、海水あるいは泥水などの中に打ち込まれるコンクリートをいう。

水中コンクリートの施工方法は、図-6.9のように分類され、トレミーを用いる方法、コンクリートポンプによる方法、袋詰めコンクリートや底開き箱（袋）などによる方法、あるいはプレパックドコンクリート工法などがある。大量施工の場合には、主に、コンクリート圧送工法が採用される。打設量が比較的少ない場合には、トレミーコンクリートなどの方法がとられる。

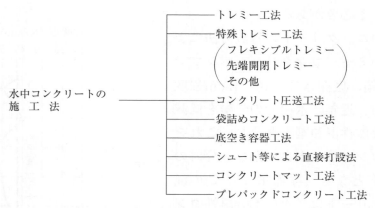

図-6.9　各種の水中コンクリートの施工方法

プレパックドコンクリートについては後述するので、ここではトレミーコンクリート工法やコンクリート圧送工法などによりコンクリートを水中に打ち込む方法について示す。

6.5.2　水中コンクリートの問題点

　水中においてコンクリートを打ち込む場合、施工管理が確実に行いにくいうえ、できあがった構造物の確認が困難であるため、原則としては水中施工を避け、ドライワークで施工できるような計画をたてるほうがよい。

　港湾工事、海洋工事、あるいは地下水位下の基礎工事などで、締切りによるドライワークが非常に困難な場合や、水中で施工するほうが安全である場合などにおいては、水中コンクリート施工法を採用する。

　水中で施工されるコンクリートは、水中を流動するときに分離し、その結果生じるレイタンス層により打継目に欠陥を残したり、鉄筋とコンクリートの付着力が低下するなどの問題点をもつ。また、それらを確認する適当な方法もないうえ、もし欠陥が見つかっても補修することが困難である。その点を十分考慮に入れ、あらかじめコンクリート配合や施工法を十分検討したうえ、経験豊富な技術者のもとで入念な施工を行わねばならない。

　水中コンクリートは、バイブレータなどによる振動締固めができずコンクリートの自重によって流動させなければならないため、とくに粘性に富み、分離の少ない流動性のよいものとしなければならない。

　水中施工は、陸上施工の場合に比較して材料などの分離などの欠陥が生じやすいため、10〜50%の強度の低下が生じる場合がある。とくに部材の上部においては、施工が完全であっても、図-6.10のようにブリーディングやレイタンスによって強度が低くなりがちである。そのため、コンクリート標準示方書では、施工に必要な粘性と強度を確保する目的で、水セメント比は50%以下、単位セメント量は370kg／m^{3}以上を標準とするように定めている。

　細骨材率は、粘性に富んだコンクリートにするために、一般のコンクリートより大きくし、粗骨材に砂利を用いる場合は40〜45%程度を標準とする。また、砕石を用いる場合は、さらに

3〜5％程度増加する必要がある。

　スランプは、水中コンクリートの打設方法によって異なるが、トレミー、コンクリートポンプで13〜18cm、底開き箱、底開き袋で10〜15cm程度が標準である。なお、近年、水中での分離を低減するための水中不分離性混和剤が普及し、これを用いれば、従来のコンクリートよりかなり分離の少ないコンクリートとなる（**写真-6.1**）。この混和剤を用いたコンクリートは、水中不分離性コンクリートと称され、使用に際しては、土木学会規準に水中不分離性混和剤の品質規格（案）、試験方法（案）が示されるので参照するとよい。なお水中不分離性コンクリートは、粘性が高いため、強制練りミキサを用いて、あらかじめ空練りを行って練り混ぜるなどの注意が必要である。また、水中で分離しにくいからといってむやみに水中を落下させて打込むのではなく、水中落下高さは50cm以下とする。なお、鉄筋の腐食作用、コンクリートへの化学作用等を考慮して水セメント比を定める場合には、その最大値を淡水中では無筋コンクリートで65％、鉄筋コンクリートで55％とし、海水中では無筋コンクリートで60％、鉄筋コンクリートで50％を標準とする。

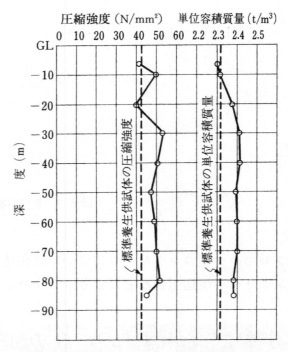

図-6.10　大深度下に打設された水中コンクリートの強度・単位容積質量

写真-6.1　水中不分離性混和剤（SCA）を用いたコンクリートの水中における分離の程度

6.5.3　水中コンクリートの施工上の留意点

　水中コンクリートの施工においては、材料の分離、セメント分の流失、レイタンスの発生などをできるだけ少なくし、均質なコンクリートとすることを考えて施工しなければならない。そのため、コンクリートは原則として静水中（流速3m／分以下）に打ち込み、水中を落下させてはならない。また、できるだけ水平に保ちながら所定の高さまで連続して打ち込み、レイタンスの発生を少なくするため、コンクリートをかき乱さないようにする。なお、コンクリートが硬化するまでは水の流れを防ぎ、打ち終わった後はレイタンスをできるだけ除く。

6.6　高流動コンクリート

6.6.1　高流動コンクリートの使用目的

　熟練技術者の不足はコンクリート工事の質的低下に少なからず影響を与え、急速施工、大型工事に対しても高品質コンクリートの構築が困難な時代を迎えているといっても過言ではない。一方で、耐震強度の見直しなどから過密な配筋となる構造物が増加し、コンクリートは充てんしにくくなっている。そのため、コンクリートを締固めることなく鉄筋の錯綜する型枠内に充てんできれば、労働者の技術力にかかわらず一定の品質のコンクリート構造物が造れることになる。このような考えのもとに、高流動コンクリートが注目され、近年その適用例も増加している（**写真-6.2**）。

6.6.2　高流動コンクリートの特徴

　高流動コンクリートは、自己の流動性を活用して型枠の隅々まで充てんさせるため、高い流動性と適度の材料分離抵抗性が要求される。高流動コンクリートの配合設計では、セメントあるいはそれに変わる微粉末（例えば高炉スラグ、フライアッシュ、鉱物質微粉末など）を多量に用いてコンクリートの粘性を高め、高い流動性を付与しても材料分離が生じないよう配慮する。必要に応じて増粘剤を用いることによって、コンクリートの材料分離抵抗性は高くなり、目標とする高品質のコンクリート構造物が確実に施工できることから、充てんが困難と見なされる構造条件の場合に適用される例が多いが、コンクリート工事の合理化、近代化の一役を担うものとして期待されている。

写真-6.2　高流動コンクリート

6.6.3　締固めを必要とする高流動コンクリート

　自己充填性が付与されるほどではないが、ある程度の振動締固めを行うことで施工性が改善される高流動コンクリートの適用が増加している。そのため、土木学会コンクリート標準示方書でも「締固めを必要とする高流動コンクリート」の標準を示すことになった。

　コンクリートの圧縮強度が50N/mm2未満で、スランプフローで管理され、構造条件や施工方法に応じて、流動性、材料分離抵抗性、間隙通過性の目標値を**表-6.4**、**表-6.5**の示す組み合わせで施工される。

　この方法によれば、高密度配筋の構造物に対して充填不良などに起因する不具合の発生を防止することが期待される。

表-6.4　締固めを必要と高流動コンクリートの品質目標（タイプ1）

構造条件	鋼材の最小あき	125mm程度以上
施工条件	自由落下高さ	1.5m以内
	打込みに伴う流動距離	5 m以下
	締固め時間	5秒程度
フレッシュコンクリートの品質の目標値	流動性[1]	スランプフロー：450mm
	材料分離抵抗性[2]	粗骨材量比率：40%以上 間隙通過速度：15mm/s以上

1) 流動性はJIS A 1150で評価する。
2) 材料分離抵抗性は、JSCE-702およびJSCE-701附属書1（規定）により評価する。

表-6.5　締固めを必要と高流動コンクリートの品質目標（タイプ2）

構造条件	鋼材の最小あき	60～100mm程度
施工条件	自由落下高さ	1.5m以内
	打込みに伴う流動距離	5 m以下
	締固め時間	5秒程度
フレッシュコンクリートの品質の目標値	流動性	スランプフロー：550mm
	材料分離抵抗性	粗骨材量比率：40%以上 間隙通過速度：40mm/s以上

1) 流動性はJIS A 1150で評価する。
2) 材料分離抵抗性は、JSCE-702およびJSCE-701附属書1（規定）により評価する。

6.7　高強度コンクリート

6.7.1　高強度コンクリートの定義

　近年、高強度コンクリートの適用が増加しているが、どの程度までが高強度と定義されるかは明確な基準がない。高強度を超えるコンクリートとして、超高強度コンクリートとされる事例もあるが、この範囲も明確に示されていない。そこで、土木学会コンクリート標準示方書で

は、通常のレディーミクストコンクリートで調達できる50N/mm²を超える範囲を高強度コンクリートと定義し、50N/mm²以上、100N/mm²以下のコンクリートを対象としてコンクリート標準示方書に示された。この範囲でも単位結合材量が多いため、水和熱に起因する高温の影響による強度低下や粘性が高いことによる施工への影響が懸念される。

6.7.2　高強度コンクリートの施工上の留意点

高強度コンクリートは粘性が高いため、製造時に練混ぜ時間を長くする必要が生じ、十分な練混ぜができているかを確認する必要がある。また、コンクリートポンプによる圧送負荷も考慮し、圧送後のコンクリートの品質にも配慮が必要である。

打込みに際しては、型枠の隅々まで充填できることを確認し、バイブレータの挿入間隔を狭くするなどの対応も必要である。また、高強度コンクリートは、ブリーディングがほとんど生じないため、コンクリート上面の仕上げが困難になる場合がある。仕上げ時には、霧吹き等を用いて、プラステック収縮ひび割れを防ぐ対策を講じるとよい。

6.8　特殊な材料を用いたコンクリート

6.8.1　流動化コンクリート

流動化コンクリートとは、ベースコンクリート（流動化剤添加前のあらかじめ練り混ぜられたコンクリート）に流動化剤を添加し、これをかくはんして流動性を増大させたコンクリートをいう。

流動化コンクリートは、西ドイツにおいて1971年ごろから硬練りコンクリートの施工性改善を目的として使われるようになり、やがて、わが国においても建築工事の軟練りコンクリートの品質改善用として使われ始めた。土木方面においても、硬練りコンクリートの施工性改善用として次第に使用されるようになった。

流動化コンクリートは、**図-6.11**に示すように、時間の経過に伴うスランプの低下が大きいため、通常は**図-6.12**のように現場到着した生コン車に適量の流動化剤を投入してアジテータ車のドラムを高速かくはんして製造される。現場で加水することなく、スランプを増大できることから、施工に不適切なスランプまで低下した場合の回復剤として用いられる場合が多い。なお、流動化コンクリートは、時間の経過に伴い比較的早くスランプが低下するため、添加後から打設されるまでの時間をできるだけ短くするような配慮が必要である。流動化コンクリートのスランプは、原則として18cm以下とし、打込みの最小スランプに圧送に伴うスランプロスや経時変化によるスランプロスを加味した値とする。なお、スランプの増大量は、過度のスランプの増大が品質管理上望ましくないことから、10cm以下を標準としている。

流動化剤を添加したコンクリートは、添加前のコンクリートとほぼ同等の強度となるが、ス

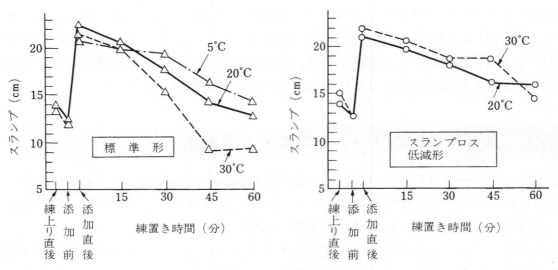

図-6.11　スランプの経時変化

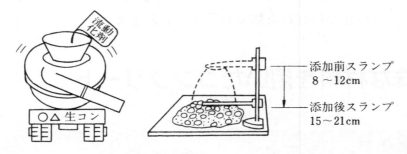

図-6.12　流動化コンクリート

ランプや強度などの品質管理は流動化後のコンクリートによって行わなければならない。流動化コンクリートのスランプの低下が大きいことから、スランプロス低減形の流動化剤が市販し始め、暑中におけるスランプロスの低減に功を奏したが、スランプロスが低減できるのであれば生コンプラントでの添加のほうが管理上望ましいので、その後、生コンプラントでの添加を目的とした高性能AE減水剤が普及することになった。現在では、現場でのスランプ回復剤としての役割のほうが多い。したがって、流動化剤の使用量の決定に際しては、コンクリートのドラム内の残量を正確に把握して定めなければならない。

6.8.2　膨張コンクリート

　膨張コンクリートは、膨張材と称する混和材を約20〜30kg／m³程度をセメントに置換して製造される。コンクリートの収縮する性質を、あらかじめ膨張させることによって補おうとするもので、ひび割れの抑制を目的として、マスコンクリート構造物のほか、水理構造物や積極的にケミカルプレストレスを導入するヒューム管などにも用いられる。

　なお、膨張材を用いたからといってひび割れが完全に無くなるわけではなく、また使用方法を誤ると強度低下を起こすこともあるので注意が必要である。また、水和熱抑制型の膨張材は、

温度ひび割れの抑制に適用する。

6.8.3　短繊維補強コンクリート

　短繊維補強コンクリート（**写真-6.3**）とは、普通のコンクリートにスチールファイバーやポリプロピレン繊維、ビニロン繊維、ガラス繊維などの合成短繊維を混入し、コンクリートにひび割れが生じてもその幅が拡大しないように構造物としての粘りを改善したもの、剥落防止を目的としたもの、火災時の爆裂防止を目的としたものなどである。わら入りの壁土のように母材がひび割れても粘りのあるのが特徴で、コンクリート舗装や工場の床、トンネルの覆工コンクリート、水槽などに使用される。合成短繊維の品質については、JIS A 6208が規定されている。

写真-6.3　短繊維補強コンクリート（X線写真）

6.8.4　プラスチックコンクリート

　プラスチックコンクリートとは合成高分子材料を用いたコンクリートの総称で、次のように分類される。

① 　レンジコンクリート
② 　ポリマー含浸コンクリート
③ 　ポリマーセメントコンクリート

　レンジコンクリートは、十分に乾燥した骨材と、不飽和ポリエステル、エポキシ、ポリウレタン、フラン、フェノールなどの熱硬化性合成樹脂とを用いて固めたコンクリートで、一般に混合後1時間以内に高熱を発して固化し、材齢1日で圧縮強度$50〜100N／mm^2$、引張強度$10N／mm^2$以上となるが、硬化初期に$0.2〜0.4\%$収縮する性質がある。

　ポリマー含浸コンクリートは、基材となる硬化コンクリートなどを$100〜110℃$で乾燥したのち、負圧状態で脱気し、メタクリン酸メチル、スチレン、アクリロニトリルなどのビニル系モノマー、その他の液状有機物を圧入して、基材とポリマーを一体化させたものである。圧縮強度$130N／mm^2$、引張強度$11N／mm^2$程度の高強度のコンクリートが得られる。

　ポリマーセメントコンクリートは、ポルトランドセメントコンクリートにゴムラテックスなどのポリマーを混和剤として用いたもので、他のプラスチックコンクリートと異なり圧縮強度は大きくならないが、曲げ強度や引張強度が増大し、伸び能力が改善される。

6.8.5　人工軽量骨材コンクリート

　人工軽量骨材コンクリートは、土木関係における使用例は比較的少ないが、橋梁の床版などに、軽量化して基礎への伝達荷重や地震力を軽減する目的で用いられる。普通コンクリートの単位容積質量が2.2〜2.4t／m³であるのに対し、人工軽量骨材コンクリートは1.2〜2.1t／m³である。

　人工軽量骨材は、**写真-6.4**に示すように、表面は緻密な組織のように見えるが骨材の内部は軽量化のためポーラスになっている。そのため、コンクリート圧送をする場合は、加圧に伴い骨材が吸水し、スランプの低下が大きくなり、閉塞の原因になりやすいので、十分に吸水させた骨材とするなどの配慮が必要である。

　また、骨材の強度は比較的小さく、高強度のコンクリートとする場合は水セメント比を小さくしても骨材の強度の影響を受ける。高強度の軽量骨材コ

写真-6.4　人工軽量骨材の断面（人工軽量骨材協会提供）

ンクリートでは単位容積質量が約1.8t／m³程度で、50〜60N／mm²の圧縮強度程度以下を目標とすることが多い。

　また、一般的に軽量骨材コンクリートは凍結融解の繰返しに対する抵抗性が劣る。そのため絶乾状態の軽量骨材を用いて耐凍結融解性の向上をはかることもあるが、コンクリート圧送に際しては事前に十分に確認する必要がある。

6.8.6　気泡コンクリート

　気泡コンクリートとは、気泡剤、発泡剤などを用いて多量の気泡を混入または発生させてつくったコンクリートで、充てん用コンクリート、あるいは断熱用コンクリートなどに使用されている。

6.8.7　混和材を大量に用いたコンクリート

　高炉スラグ微粉末やフライアッシュなどの産業副産物をポルトランドセメントの代替として活用することにより、二酸化炭素の排出量の削減につながり、環境負荷の低減が期待できる。さらに混和材を大量に用いると、水和熱の低減、塩化物イオンの侵入に対する抵抗性の向上、アルカリシリカ反応の抑制にも期待できる。

　これまで、ポルトランドセメントの質量比を30％以上とした高炉スラグ微粉末の使用はJIS化されていたが、ポルトランドセメントの質量比を30％以下とするコンクリートの大型プロジェクトへの適用実績も増えてきた。それを受けて、混和材の置換率を結合材の70〜90％とする

コンクリートの使用が土木学会コンクリート標準示方書に示された。

　ただし、環境負荷が低減できるとしてむやみに適用するのではなく、強度発現性や耐久性を考慮して用いることが望まれる。

6.8.8　再生骨材コンクリート

　コンクリート構造物の解体をする事例が増加するとともに、解体ガラを骨材として利用することが可能になった。そのため、再生骨材の規定が設けられ、再生骨材H、再生骨材M、再生骨材LがJISに規準化された。このうち、再生骨材Hは、破砕したあとにモルタルがほとんど付かない状態であり、通常の骨材と同様にJIS A 5308のレディーミクストコンクリートに使用できるが、再生骨材Mや再生骨材Lは、骨材のJISとして規定化されたものの用途が限られる。再生骨材コンクリートMや再生骨材コンクリートLを活用するために、土木学会コンクリート標準示方書に、再生骨材コンクリートMおよび再生骨材コンクリートLをJIS A 5022およびJIS A 5023に適合するものとして示された。ただし、アルカリシリカ反応を抑制するため、結合材には、アルカリシリカ反応性を抑制できる混合セメントまたは所定の分量の混和材を用いたセメントの使用が必要となる。

6.9　特殊な施工方法によるコンクリート

6.9.1　転圧コンクリート

　転圧コンクリート（RCC, Roller Compacted Concrete）は、単位水量100kg／m³程度、水セメント比80〜90％、単位結合材量115〜125kg／m³程度の超貧配合コンクリートを、ダンプトラックなどで現場まで運搬し、振動ローラにより締固め行って、貧配合でありながら良質のコンクリートを得ることを目的としたコンクリートである。RCCの施工手順、施工状況を写真-6.5、図-6.13に示す。

写真-6.5　RCCの施工状況

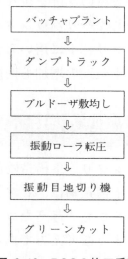

バッチャプラント
⇩
ダンプトラック
⇩
ブルドーザ敷均し
⇩
振動ローラ転圧
⇩
振動目地切り機
⇩
グリーンカット

図-6.13　RCCの施工手順

機械による振動締固めが必要であるため、広い面積の施工に適し、主にダム用コンクリート（RCD）に使用され、水和熱が少なく、パイプクーリングなどを必要としない点が有利である。また、舗装コンクリート（RCCP）にも用いられている（**表-6.4**参照）。

表-6.4　転圧コンクリートと通常のコンクリートの配合の比較例

区分	粗骨材最大寸法（mm）	コンシステンシーの目標値	空気量（%）	$W/(C+F)$（%）	$F/(C+F)$（%）	s/a（%）	単　位　量（kg/m³）				
							W	C	F	S	G
RCD	80	20 s[(1)]	1.5	83	20	31	100	96	24	680	1 510
RCCP	20	96%[(2)]	―	37	0	40	100	270	0	820	1 240
通常	20	12 cm[(3)]	4.5	52	0	44	165	320	0	790	1 000

注：（1）VC値，（2）マーシャル試験締固め率，（3）スランプ

6.9.2　吹付けコンクリート

吹付けコンクリートは、トンネルや大空洞構造物の覆工、岩肌やのり面崩落防止、構造物の補修、補強工事などに用いられている。吹付け機械設備や混和剤などの改良、改善により、吹付けコンクリートの信頼性が高まり、本体構造物として設計される例もある。

吹付けコンクリート工法は、乾式工法と湿式工法に大別される。

乾式工法は、ドライミックスされた材料をノズルで水と混合し吹付ける方法で、簡単であるが、その品質はノズルマンの熟練度に左右され、また、粉じんやはね返りが多い。

湿式工法は、あらかじめ正確に配合された練り混ぜられたコンクリートを吹付ける方法で、粉じん、はね返りが少なく、比較的信頼性が高い。

SEC（Sand Enveloped with Cement）コンクリートは、砂の周囲をセメントペーストで造殻し（**図-6.14**）、ブリーディングおよび骨材の沈降を少なくするなどの特徴をもつコンクリートで、紛じんやリバウンドを低減することができることから吹付けコンクリートに用いられることが多い。従来のコンクリートより若干強度の増加も期待できる。

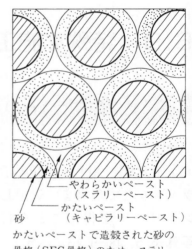

やわらかいペースト（スラリーペースト）
かたいペースト（キャピラリーペースト）
砂

かたいペーストで造殻された砂の骨格（SEC骨格）のため，スラリーペースト中の水の移動が拘束され，ブリーディング，材料分離がきわめて少なくなる特徴などがある。

図-6.14　SECコンクリートモデル

6.9.3　プレストレストコンクリート

鉄筋コンクリート構造物は、引張応力を鉄筋に負担させる考え方があり、プレストレストコンクリート構造物は、ピアノ線やそのより線などを緊張することにより、コンクリートに圧縮応力をあらかじめ与えたコンクリート構造物で、自重や荷重の作用によって生じる引張応力を減殺するような考え方である。

　プレストレストコンクリートは、プレストレスの導入方法や定着方法によっていろいろな工法で呼ばれている。まず、導入時期によって、ポストテンション方式とプレテンション方式に分類される。

　ポストテンション方式はコンクリートの硬化後に緊張し、PCグラウトによりコンクリート部材と一体化される工法とアンボンド工法に細分される。また、ケーブルの配線方法で、インナーケーブル方式とアウトケーブル方式に分けられる。

　プレテンション方式は、あらかじめPCケーブルを緊張した状態でコンクリートを打設し、コンクリートが硬化後に緊張したケーブルの固定を緩めることによって緊張材とコンクリート部材とが直接付着し、プレストレスが導入される工法で二次製品において使用されることが多い。

　プレストレストコンクリート構造にすることによって、鉄筋コンクリートに比べ構造物を軽くすることができるため、スパンの長大化や構造物の小型化がはかれる。プレストレストコンクリートの土木分野での応用例としては、PCまくらぎ、PCぐいなどの製品コンクリート、橋梁上部工、PC地上タンクなどがある。プレストレストコンクリート橋の施工例を**写真-6.6**に示す。

写真-6.6　プレストレストコンクリート橋の施工例

　PC橋梁は、ヨーロッパにおいては1946〜1950年ごろにすでに60mを超えるスパンでつくられていたが、わが国におけるPC橋は1952年前後で、最初のスパンは5m以下のものであった。

　道路橋においては、1959年にディビダーク方式によるカンチレバー工法が導入され、嵐山橋においてスパン50mを超えてからは急速に最長スパンが更新され、スパン240mの浜名大橋がつくられるまでに至っている。鉄道橋に対しては、荷重条件などの点から道路橋よりスパンは大きくならないが、スパン105mの第二阿武隈川橋梁、109mの吾妻川橋梁などがある。

　桁形式のPC橋は、質量の増大に対してPCケーブル配置が実用上限界に達してきたことと、鋼材強度の大きな改良が当面図られそうにもないことから、コンクリートの軽量化と強度増加がスパン伸長のための手段となる。ただ、コンクリートの軽量化はコンクリートの弾性変形とクリープによるPC鋼材の引張力の減少を招くことや、コンクリート強度の飛躍的な増強が早急にはみこめないことなどから、新しい構造形式、たとえばPCトラス橋、PC斜張橋などの形式で、スパンの伸長が図られている。

　PC橋の新しい施工方法としては、プレキャストブロック工法と移動式支保工による工法が

ある。プレキャストブロック工法は、工期短縮、省力化、軽量化の点で効果的であり、PCブロックの接合のための樹脂系接着剤の進歩がこの工法の発展を可能としている。移動式支保工による工法は現場打ちコンクリート作業の省力化と工期短縮を目的としたもので、ゲリュストワーゲン、ストラバーグなどの工法がある。

6.9.4 プレキャスト工法

　プレキャスト工法は建築物に採用されることが多いが、土木構造物でも、すでにかなりの分野でプレハブ化が進んでいる。例えば、橋梁、高架橋、シールド、ボックスカルバート、沈埋トンネルなどに適用されている。PC桁、シールドセグメント、RC・PCぐいなど、当初からプレキャストコンクリートによる施工が標準となっているものもあり、また、土留め用コンクリートブロック、道路用コンクリートブロック、下水道用コンクリート管、鉄筋コンクリート矢板などの二次製品を使用した工事も、広義のプレキャスト工法によるものといえる。

　プレキャストコンクリートは、コンクリートを十分な品質管理のもとで造ることができるうえ、現場における施工の省力化、工程の簡素化、工期の短縮につながり、社会的な情勢から次第に適用例が増加している。また、油圧機器クレーン等の揚重機械の普及により重量物の運搬が容易となってきたため、プレキャストコンクリートブロックの大型化が進み、単なる建設用素材として考えることから一歩進んで、大きな構造部材として取扱うようになってきた。とくに海洋工事では、3,000トン程度の大型クレーン船が使用できるため、プレキャスト工法はますます活用されると思われる。

　プレキャストコンクリートによる橋梁上部工の形式は、プレキャストコンクリート桁を現場近くで構築して架設する単純桁橋から、プレキャスト部材によるトラス橋などの施工例もある。また、図-6.15のように上部工、下部工ともすべて大断面のプレキャストブロックを接合して一体化するものもある。基礎工におけるプレハブ化の例としては、外径2.0〜6.0mの中空円筒

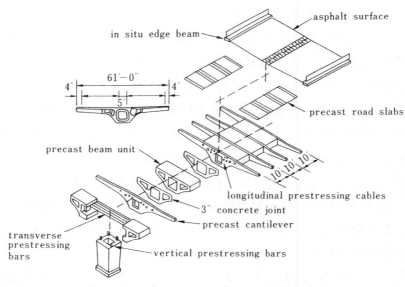

図-6.15　プレキャストブロックの組立て

形のブロックを現場で組立て、内部を掘削しながら沈設する大口径PCウエルや、掘削孔内にプレキャストコンクリート版を建込む方式の地下連続壁などがあげられる。

　一方、型枠や鉄筋のプレキャスト化も進んでいる。現在、一般に使われている型枠は合板型枠と鋼製型枠であるが、型枠組立て作業の中では、ばた材、締付け金物の取付けが最も大きなウエイトを占めており、ついで運搬作業となっている。したがって、ばた材、締付け金物の取付け作業と運搬作業の省力化にも種々の努力が払われている。ばた材と締付け金物の取付け作業の省力化のための効果的な方法は、ばた材をなるべく少なくすることで、型枠用合板を厚くしたり、複合パネルを使用することがその解決策となる。運搬作業の省力化のためには、資材をばらばらに運搬しなくてもすむようにユニット化したり、大型化する方法が採用されている（**写真-6.7**）。

　また、鉄筋についても、型枠のユニット化と同様な発想から、別の場所であらかじめ組立てたプレハブ鉄筋工法がある（**写真-6.8**）。

写真-6.7　大型組立て型枠のつり上げ

写真-6.8　地下連続壁構内に搬入するための鉄筋かごのつり上げ

　現場作業の高能率化、工期短縮を目的として、床スラブ用として薄肉プレキャストコンクリートの埋設型枠を用い、現場打ちコンクリートと一体化させ躯体を造る工法も増加している。施工の合理化と品質向上の両面で、プレキャスト工法は今後も増加するものと考えられる。

6.9.5　スリップフォーム工法

　スリップフォーム工法は、型枠と作業台を同時に滑動させながらコンクリートを打設し、壁体を連続して構築する工法である（**写真-6.9**）。コンクリートに打継目がなく、型枠や支保工などの仮設材料が少ないなどの長所があり、煙突、展望台などの塔状構造物や橋脚、たて坑の巻き立てなどに使用され、1975年にはカナダのトロントタワー（高さ549m）がこの工法で施工されている。

　スリップフォーム工法では、最終のコンクリートが打設するまでは型枠が一体となって滑動するため、塔状構造物の途中に突起物、スラブ、はりなどがあると接合部の処理方法が複雑となる。このような場合は、すでに成型されているコンクリートを足がかりとして型枠と足場を移動させるジャンプアップ工法などがあり、スリップフォーム工法の一種とされている。

写真-6.9　スリップフォーム工法による塔状構造物の施工

6.9.6　透水性型枠工法

　透水性型枠工法は、本来は水密性のよい型枠構造とするところを、余剰水と気泡が通過するような透水性の型枠を用いる工法である（**図-6.16**）。

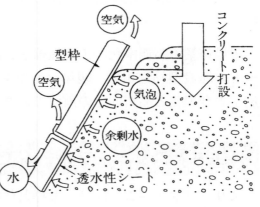

透水性型枠を用いることにより、型枠面の近くのコンクリートの気泡とブリーディング水が除去されるため、あばたが少なく緻密なコンクリートの仕上がりとなる。あばたのできやすい斜面の型枠などに使用される。

　透水性型枠の材料は、不織布や織布などの特殊な透水性シートがあり、これを合板などに張り付けた種々のものがある。なお、コンクリート表面の空隙や水隙を除去することから、コンクリートは。耐久性が増大し、美観も優れる。

図-6.16　透水性型枠工法の例

6.9.7　プレパックドコンクリート

　プレパックドコンクリートは、**図-6.17**にその施工例を示すように、あらかじめ粗骨材を型枠に詰めておき、その粗骨材の空隙に特殊なモルタルを注入してつくるコンクリートである。プレパックドコンクリート工法は、近年その適用例は減っているが、トンネルの裏込め、構造物の補修などにも利用される。

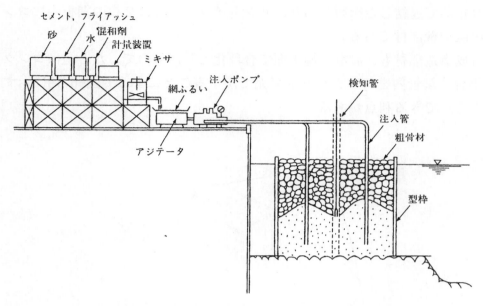

図-6.17　プレパックドコンクリートの施工例

6.9.8　真空コンクリート

　真空コンクリートとは、打ち込んだコンクリート表面に真空ポンプを用いて減圧空間をつくり、金網や布などを組合せたフィルターをもつ真空マットなどを通して、コンクリート中の水分を吸い取ったコンクリートをいう。早期強度が高く、耐久性およびすりへり抵抗性を改善できる長所をもっているので建築物の床などに用いられる。

　真空コンクリートの施工概念を**図-6.18**に示す。

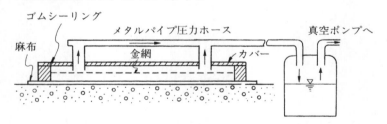

図-6.18　真空コンクリートの施工概念

6.9.9　鋼コンクリート合成構造

　鋼コンクリート合成構造には、鋼材がコンクリート内に埋め込まれている形式と、鋼材がコンクリートの外側に位置している形式がある。

　たとえば、合成はりは、鋼製はりにRC床版を載せてずれ止めで連結したはりであり、鉄骨鉄筋コンクリートは、H形鋼などの鉄骨を鉄筋コンクリート内に配慮したはりや柱であり、コンクリート充てん柱は、鋼管内部にコンクリートを充てんした柱であり、合成壁は、連続した鋼柱列をコンクリートで被覆または鋼柱内を充てんした壁であり、合成床版は、鋼板とコンク

リートをずれ止めで連結した床版であり、サンドイッチ部材は2枚の鋼板内にコンクリートを充てんした床版や壁部材である。

いずれの合成構造部材も、設計、施工面で合理化としたもので、たとえばコンクリート充てん柱などの場合、鋼管内をコンクリートで充てんすることによって**図-6.19**に示すようにじん性が極めて大きくできる利点がある。

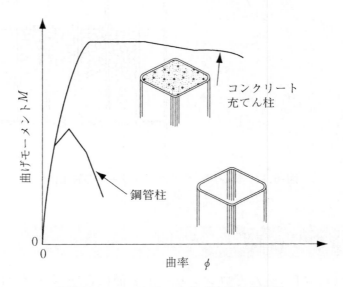

図-6.19 コンクリート充てん柱のじん性

第 7 章
コンクリート技術の歴史と展望

わが国のコンクリートは百数十年の歴史をもつ。その歴史をたどってみると、より優れた構造物を世に送り出そうとする人々の苦労を知ることができる。

　近年、コンクリートは社会資本整備のための建設材料として不可欠なものとなっており、往時の人々が考えつかなかったような巨大なコンクリート構造物も出現し、適用分野も多様多岐にわたっている。そして、ますます高強度化し、施工の合理化が要求され、新材料の開発と施工法の改善が進められている。

　コンクリートの施工技術をさらに発展させることが、施工技術者に課せられた使命であり、技術の進展には、いま一度コンクリートの生い立ちと発達の歴史を振り返り、その歴史を担ってきた人々の延長線上にいまわれわれがいることを認識することが必要である。

7.1　コンクリートの歴史

7.1.1　コンクリートの生い立ちと変遷

(1)　セメント

　コンクリートは、基本的には石材（骨材）と石材とを結合材（セメント）によって一体化したものであるが、この結合材であるセメントの歴史は、人間が石造の住居を造る様になったときまでさかのぼる。石材と石材との接合部にバビロニア人、アッシリア人、エジプト人は粘土を用いていたが、紀元前2700年のエジプトでは焼石こうとナイルの泥土を混ぜたモルタルがピラミットの石材の目地として使用され、紀元前2400年のメソポタミアでは消石灰がレンガの目地として使用された。　キプロス島の寺院の礎石は気硬性の石灰モルタルで固められた。これらの気硬性のセメントに対して、ギリシャ・ローマ時代になると水硬性のセメントが現れる。これは、ポッツオラナと呼ぶ火山灰土に石灰を混ぜてつくられたセメントで、これらが道路、城塞、防波堤などの建造にさかんに用いられた。

　ローマ人はこれを石や大理石の粉などを混ぜたモルタルの肌ざわりから、「Caementum」（ざらざらしているの意味）と呼んだ。これが今日のセメントの語源となっている。なお、コンクリートの語源はラテン語の「Concretus」（growing togetherの意味）である。

　天然の水硬性セメントは、中世にも断続的に使われている。パリのロワイヤル橋の基礎には水硬性のローチ石灰を用いたコンクリートが使用された。

　18世紀末から19世紀初めにかけて、イギリスとフランスで水酸化結合材の研究が始められたが、ジョン・スミートンはエディストン灯台（1756～1759年、**図-7.1**）の建造の機会に種々の結合材の実験を行った。

　1796年、ジェームス・パーカーは、天然に産出する粘土を多量に含む石灰質泥灰岩土を焼成して水酸化結合材をつくり、この製品にローマンセメントの名前を付けた。ローマンセメントの成分は原料によって異なるが、普通は炭酸カルシウム45～65%、粘土・シリカ、鉄分などを55%まで含んでいる。

　ルイ・ジョセフ・ヴィカは各種の水酸化石灰の最適の焼成度を研究し、炭酸石灰と粘土を融合させることによって人工的な水酸化結合材を製造することを提案した。

　その後、いろいろなタイプのセメントがつくられるようになり、鉄道、運河、トンネルなどの建設に大量に用いられるようになった。1822年、ジェームス・フロストは「ブリティッシュセメント」の特許をとった。このセメントはイギリスやアメリカで高く評価された。

　ジョセフ・アスプディンは1824年、石灰石と粘土を混合したものを焼成することによって、人工的セメントを造り出すことに成功した。彼は、この地方で建設材料として非常に愛用されていたポルトランド石とこのセメントが似ていることから、ポルトランドセメントの名を与えた。またジョセフ・アスプディンの息子ウイリアムは、共同者とともに1843年、テームズ河畔でセメントの生産を始めた（**図-7.2**）。

　J.C.ジョンソンは、セメント工場長として多くの実験を行い、粘土と石灰の混合割合を確立し、工場での生産工程に関して技術的な改善を行った。

　以後、各国では、従来の天然セメントからポルトランドセメントへの製造転換が行われ、フランスでは1848年、ドイツでは1850年、アメリカでは1871年から製造が始まった。

　20世紀に入ると順次高炉セメント、アルミナセメント、早強ポルトランドセメントなどが開発されたが、構造物や施工法の多様化にともない、セメントの品質改良がさらに要求されるようになった。

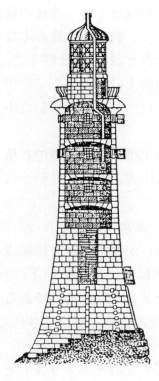

図-7.1　スミートンのエディストン灯台の一部断面（S.B.ハミルトン（村松貞次郎訳）：技術の歴史、NO.8、P401、筑摩書房

図-7.2　ウイリアム・アスプディンによる操業中の最初のセメント窯（S.B.ハミルトン村松貞次郎訳）：技術の歴史NO.8、P384、筑摩書房

高炉セメントは、製鉄用の溶鉱炉から副産物としてできる高炉スラグを微粉末にして生石灰、消石灰またはポルトランドセメントを混合したものである。高炉スラグとセメントクリンカーを混合して粉砕する混合粉砕方式と、それぞれを粉砕して混合する分離粉砕方式に分けることができる。高炉スラグとポルトランドセメントとを混合した高炉セメントの歴史は古く、ポルトランドセメントの発明から約60年後にドイツで開発された。

　アルミナセメントは1908年、フランスのビードによって開発され、工業化されたが、さかんに使われるようになったのは第一次大戦後で、フランスをはじめアメリカ、ドイツ、オーストリアなどで製造された。

　早強ポルトランドセメントの前身は、オーストリアのスピンデルが開発したスピンデルセメント、別名早期高強度セメントで、以後これに刺激を受けて、ドイツを中心に早強ポルトランドセメントが発達していった。

　わが国において使用された天然セメントに類するものとしてはしっくいがあり、古代の玄室の石壁の築造にも使われたといわれている。その後、城壁などの石垣には空積み方式が採用されたため、あまりしっくいは使用されなかったが、水路の石積み、寺院建築の基檀、屋敷まわりの土堀あるいは海岸の石垣に使用された。

　米沢城下の水路の建設には水の浸透防止のため、しっくいに小石を混ぜて固めたものが使用され、また、しっくいに鯨油を混合して防水性を高めたものも考えられている。

　また、わが国には古くから「三和土（たたきと読む）」と称する天然セメントを使用した土壌改良工法がある。この「三和土」は、一般に花崗石や風化土に、質量比で30%前後の貝がらなどを焼いてつくった消石灰と砂利および少量の水を加えて固く練り、突き棒や締め木などを用いてたたきあげるもので、砂利を混ぜないものを「二和土（たたきと読む）」と呼んだ。

　京都の東山に産する土壌に「ジャリ」といわれるものがあり、三和土の一種として使用された。この「ジャリ」は、「巴初刺那（ぽつらな）」とも称されたが、ローマ人の使用したポッツオラナがわが国にも古くから紹介されていたことがうかがえる。

　人工のセメントは明治維新前後に海外より輸入され、各地の灯台工事や造船工事の石積みの目地材としてモルタルに使われた。なお、石積みの裏込め材には火山灰と石灰と砂利からなる火山灰コンクリートが使用された。

　セメントは明治3年（1870年）には年間8トンが輸入されたが、非常に高価であったため、官営としてセメント工場（大蔵省土木寮摂綿篤（セメント）製造所）が深川清澄町に建設され、明治8年（1875年）に製造が出荷され始めた（図-7.3）。明治17年には民間に払い下げられ、これが後の浅野セメントから日本セメントになり、現在の太平洋セメント株式会社である。明治14年には小野田セメント製造株式会社（現在は太平洋セメント株式会社）が設立されたが、当時は両工場で月産238トン程度であった。

　明治末には、セメント会社数は18、工場数は22に達し、年間50万トンのポルトランドセメントが生産されるようになった。以後、セメント使用量は工事の増大とともに増え、1994年度の年間生産量は約9,100万トン、2005年度の生産量は約1億3,000万トンとなっている。

　高炉セメントは大正2年、八幡製鉄所が始めて製造したが、その後、当時の浅野セメントが

図-7.3　明治8年ころの官営工場（資料：日本セメント70年史）

傍系の鶴見製鉄社と提携して製造を開始した。近年、高炉スラグの積極的な利用を目的として、高炉セメントの使用量はますます増加している。

　早強セメントは昭和4年、当時の浅野セメントが製造を開始し、このセメントで国会議事堂、日銀本店などを築造した。

(2)　混和材料

　古代ローマ人は、モルタルやコンクリートをつくる際に牛の血や脂、牛乳などを混ぜたといわれ、これが今日のコンクリート混和剤の始まりといえよう。

　AE剤の発明の発端は1930年ごろ、アメリカで、クリンカーの粉砕助剤として牛脂を用いて製造したセメントや、セメント粉砕機のベアリングからもれた潤滑油脂がまざっているセメントが、凍結融解に対して著しい抵抗性をもっていることを発見したことに始まる。1938年、ヴィンソル・レジンの特許がアメリカの特許庁に登録されて以降、数多くのAE剤、減水剤が開発された。わが国にはAE剤が昭和23年、減水剤が昭和25年に導入され、最初はダム工事に適用された。

　これらの混和剤は急速に普及し、現在数多くの種類のものが生産され、混和剤を用いないコンクリートのほうがむしろまれになっているのが現状である。

　コンクリート混和材としては、1940年代ごろからフライアッシュが使用され始めた。アメリカ開拓局によってハンガリーホースダムにこれが大量使用されてから、フライアッシュの効果および使用方法に関する研究が精力的に行われ、以降、ダムコンクリートに積極的に使用されるようになった。わが国では、昭和25年ごろアメリカから紹介され、昭和29年に東電須田貝ダムに初めて使用された。その後、使用量は増加の一途をたどったが、やがて石炭火力の衰退による供給不足のため生産量が減った。しかし、最近の石炭火力の見直しにともない、再び使用量が増加する傾向にあるが、地球の温暖化の観点から石炭の燃焼温度を低く抑えているため、

フライアッシュの未燃カーボン量が増加し、コンクリート用としては不向きな石炭灰が増えている。

　凝結促進剤としての塩化カルシウムは、アメリカでは1850年以降から、わが国では戦後から使われるようになった。しかし、超早強セメントやジェットセメントなどが開発され、また塩化カルシウムによる鉄筋の発錆の問題などから、無筋コンクリートを除いては使用されなくなっている。

(3) 鉄筋

　メソポタミア文明における大規模なレンガ構造物には、シダとレンガを交互に組合わせて強度を増加させたものがみられる。このようなある種の材料を別の材料で補おうとする考えが、やがて鉄筋コンクリートの発明につながってゆく。

　19世紀中ごろ、鉄の大量供給がなされるようになったが、1850年、フランスのランボーは舟形に組んだ金網にモルタルを塗り付けて小船をつくった。これが鉄筋コンクリートの始まりとされている。ついでE.コワネーが、同じく金網を芯にしたコンクリートで建物の壁をつくった。1867年にJ.モニエは鉄網製の針型にモルタルを塗り付ける植木鉢をつくり、やがてこの手法をモチ網式配筋法まで高め、以降、壁、柱、パイプ、はりなどにまで応用域を広めた。この技術はやがてドイツに伝えられ、アメリカへと波及した。1879年、アンネビークは「鉄筋コンクリート理論」を発表したが、これを契機として、それまで使用されていた番線程度の細い鉄筋に替えて徐々に太い径の鉄筋が使用されるようになった。やがて1890年、T.L.ランサムは異形鉄筋を開発し、今日の鉄筋コンクリートの基礎ができ上がった。

　わが国には明治時代後期に鉄筋コンクリート技術が紹介されたが、わが国最初の鉄筋コンクリート造は、田辺朔郎が明治36年に京都の琵琶湖疎水運河に架けられた橋である（**写真-7.1**）。ついで、白石直治はアンネビーク構造法により明治39年鉄筋コンクリート造の大倉庫を完成させた。やがて施工業者もアンネビーク工法に着目し、この技術の習得に力を注ぎ、清水組が渋沢倉庫を大倉土木が築地の海軍造兵廠などを施工した。

写真-7.1　琵琶湖疏水運河にかけられた鉄筋コンクリート（セメント協会提供）

　戦前には、鉄筋コンクリートの考えを応用した竹筋コンクリートが施工されたことがある。竹筋コンクリートは明治末ごろから施工されているが、大正に入ると溜池ののり面覆工や水路工などに用いられ、昭和12年ごろになると鉄筋の不足のためさらに注目され、その物性が研究されるとともに、変電所基礎、井筒、貯水槽、橋桁など、各所で実際に施工された。また竹筋の品質改善を目的として、あらかじめ防腐、殺菌、耐アルカリ処理を施したものも生産された。

　異形鉄筋は大正期から輸入されたが、使用実績は少なかった。しかし、昭和36年にデーコン（DACON）等の高張力異形鉄筋が開発されて以来、急速に用いられるようになった。

7.1.2　コンクリートの施工方法の変遷

　明治に入ると土木事業は各地で推進されたが、当時の土木工事におけるコンクリートはブロック、ケーソン、橋台などの大断面の無筋コンクリートで、打設には硬練りのものを木たこなどで各層ごとに十分に突固める方法がとられていた。明治20年代後半になると鉄筋コンクリート構造が紹介され、明治36年に始めて鉄筋コンクリート橋が現れて以来、明治年間には43の鉄筋コンクリート橋が施工された。

　建築物についても、当時の材料や鋼材を使用した構造に比較し、耐久性と耐震性の面から鉄筋コンクリート造のほうが有利と考えられ、また施工上も、材料の入手が木材や鋼材よりも容易であることなどから注目されるようになった。神戸和田岬における東京倉庫株式会社の建物は、明治39年に鉄筋コンクリートで建造されたが、これが以後コンクリート工事の発展の契機となった。この工事では、型枠や鉄筋のすみずみまでコンクリートを行きわたらせるため、流動性の高いコンクリートを使用し、コンクリートの側圧が大きくなることを予想して型枠を丈夫なものとしている。またコンクリートの練混ぜには、一辺が1.5mの立方形の鋼製容器を15馬力の発電機で回転する混合機を用い、練り上がったコンクリートは多くの小桶に移し、クレーンで所定の場所まで運び上げて打設した。

　大正時代には、コンクリートタワーと鉄製の型枠、バッチャープラント、および振動締固め工法などが現れた。しかし、これらの工法が広く普及するのはずっと後のことである。戦後しばらくの間、コンクリートの練混ぜは現場で行われ、機械練りと並行して手練りも相変わらず行われていた。

　コンクリート運搬には、一輪または二輪の手押車、トロック（鍋トロ）、トラックなどが用いられ、打設には一般にシュートが用いられた。

　図-7.4は当時使われていた本格的なシュートで、鋼製の塔の上までエレベータでコンクリートを運び上げ、塔側に設けたホッパからシュートを通して所定の場所に流下させるものである。

　締固めには、突固めたこや締固め棒（**図-7.5**）あるいは竹棒などが用いられた。

　振動締固め機が最初に用いられたのは、昭和9年の国鉄信濃川工事局の工事といわれている。昭和15年の土木学会標準示方書では振動締固め機の使用が規定され、以後、広く用いられるようになった。

　コンクリートポンプは昭和8年に現われ、土木関係の一部に使用されたが、普及したのは昭

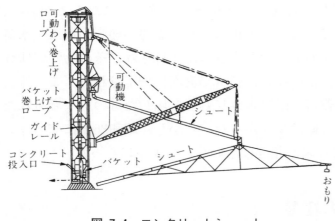

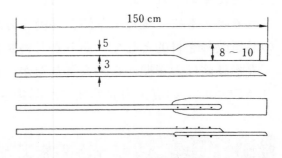

図-7.4　コンクリートシュート

図-7.5　締固め棒

和39年の東京オリンピック以降で、トラック搭載型のコンクリートポンプ車が開発されてからである。わが国のレディーミクストコンクリートは昭和26年に誕生したが、コンクリートポンプの普及とほぼ時を同じくして一般に広く用いられるようになった。

　初期に使用されたミキサの大部分はドラムミキサであり、昭和10年、九州送電株式会社の塚原ダムでは国産の可傾式ミキサが初めて用いられた。やがて可傾式ミキサは一般化し、昭和33年ごろにはこれが主流となった。また、昭和39年ごろからは国産の強制練りミキサも出現した。

7.1.3　コンクリートの高強度化とその製造技術の変遷

　コンクリートの高強度化は、コストや汎用性の面からは、セメント、骨材などの使用材料の選定や配合などの通常の手段を用いて行うことが望ましいが、さらに高強度にするためには良質の材料のほか、特殊な材料や製造方法が必要となる。近年、高強度コンクリートをつくるために各種の混和材料、骨材、練混ぜ方法、成形方法、養生方法などが開発され、また一方では、ポリマーコンクリートやレンジコンクリート、繊維補強コンクリート、ポリマー含浸コンクリート、ポリマー繊維コンクリートといった複合材料の開発も進められた。

　高性能減水剤は、高強度を必要とするPCパイルの製造や、設計基準強度60〜80N/mm²のプレキャスト部材などに適用され、最近では、さらに高減水率の混和剤が開発され、水セメント比で17〜18％程度のコンクリートが容易に製造できるようになり、120〜150N/mm²のコンクリートが使用できるようになった。

　コンクリート強度は、練混ぜミキサの特性にも影響を受けるので、ミキサの開発も進んでいる。たとえば回転数180rpm程度の高速回転ミキサや、コンクリートのミキシング装置に高周波と低周波をある割合で与えるソニックミキサなどがある。オムニミキサは、フレキシブルなゴム製のボール、傾斜した板、シャフトから構成され、容器内のコンクリートの粒子に、加速度、速度方向がランダムに変化する運動を与えて混合するもので、練混ぜ性能が高く高強度コンクリートの製造に適している。

　コンクリートの強度を高めるための成形方法としては、振動締固めと加圧成形、遠心力成形

などがあり、これらは主に二次製品用として用いられている。

　高強度コンクリートをつくるための養生方法としては、蒸気養生とオートクレーブ養生がある。蒸気養生は、60〜80℃の温度範囲の常圧で蒸気養生を行い、コンクリート製品工場で型枠の回転を速めることを目的とし、コンクリート製品によっては、成形後3〜5時間で脱型し、1日2サイクルで製造している場合がある。

　オートクレーブ養生は、100℃以上の飽和蒸気で養生するもので、通常180℃、10気圧前後の状態で養生することが多い。一般に鋼製円筒状の容器を用い、この内部にボイラから蒸気を送り込んで養生する。わが国ではこの方法により、100N/mm²前後の高強度コンクリートパイルが製造されている。

　高強度コンクリートを得る手段としては、以上述べた方法のほかに、**図-7.6**のような複合材料を用いる方法もある。ポリマーエマルジョンをセメントに混ぜるポリマーセメントコンクリートのうち、常温硬化型は防水モルタル、接着用モルタルとして古くから研究され、熱硬化型は蒸気、オートクレーブ養生に適している。

　レンジコンクリートは、普通コンクリートに用いられるセメントペーストをすべて樹脂で置き換えたもので、100N/mm²以上のものが得られ、下水用の管路やマンホールなどに使われる。

　ポリマー含浸コンクリートは、硬化モルタルコンクリートの空隙にプラスチックのモノマーを含浸させた後、加熱あるいは放射線などにより重合させて一体化したコンクリートである。

　繊維補強コンクリート（第6章6.7.3参照）は、コンクリートやモルタルに合成繊維、スチールファイバー、グラスファイバー、ポリプロピレン、ビニロン、ナイロンなどの繊維、炭素繊維などを混入し、コンクリートの欠点である曲げ強度、衝撃耐力、疲労強度、じん性の不足などを改善したものである。

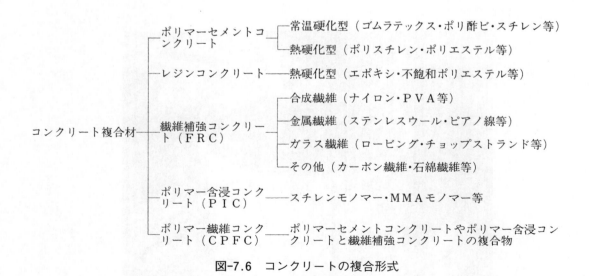

図-7.6　コンクリートの複合形式

7.1.4　コンクリート施工機械の変遷

　コンクリート施工機械の発展は目ざましいものがある。現在は、コンクリートの練混ぜ、運搬、打込み等の作業のほとんどが機械化され、施工機械の発達は、コンクリートの大量急速施工、省力化に大きく寄与している。コンクリート工事の省力化に貢献しているコンクリート施工機械には、ミキサを組み込んだコンクリートバッチングプラント、ポンプおよびプレーサなどの運搬車、振動機などの一般コンクリート施工用機械、舗装コンクリート、プレパックドコンクリート、吹付けコンクリートなどの特殊コンクリート用機械がある。

　コンクリートバッチングプラントは、計量ホッパと貯蔵ビンの一体化、バッチ式から連続式への移行、集中制御管理装置でのコンピュータの採用などの革新が図られている。

　コンクリートポンプは、工事の大型化、省力化、工期の短縮と社会のニーズを受けて急速に普及し、打設能力の向上を目的として改良が進められてきた（**写真-7.2**）。また低スランプコンクリートの圧送に適した機種、下向きこう配の配管打設に適した機種、海上打設システムなどがある。

　コンクリート舗装機械においても、スリップフォームペーバ、コンクリートフイニッシングユニットなどが取付けられ、機械化が進んでいる。

　コンクリートの製造から打設までの工程は、機械化が進み、省力化が図られているが、コンクリート工事の近年のネックは型枠大工と鉄筋工の不足にある。これは型枠大工、鉄筋工の就業可能年数が短く、若年者の入職希望者が年々少なくなっていることや、高所作業、重量物取扱い作業などが多いにもかかわらず賃金は他の職種と大差なく、しかも雇用形態が不安定なことなどにある。そのため、型枠工法、鉄筋工法などに種々の工夫をこらして省力化を図る必要があり、大型型枠工法、プレハブ鉄筋工法、型枠の本体利用工法は、工事の安全、品質の向上等に一翼を担うものと思われる。

写真-7.2　コンクリートポンプによる打設（プツマイスター写真提供）

　建設機械のロボット化も進んでいるが、これらの工法が発展するためには構造物の標準化がなされることが必要であり、標準化しやすいような壁や柱、床構造を持つカルバート、高架橋、下水処理場などが適用現場になるものと思われる。現在、実用化されているコンクリート工事用ロボットとしては、コンクリート打設ロボット、吹付けロボット、仕上げロボット、無人コンクリート運搬車、配筋ロボットなどがある。

　プレキャストコンクリート工法も機械化によるが、この工法の進展を阻害しているものは、技術的な問題より、土木構造物が標準化しにくいこと、従来の設計方法を重視する傾向があること、プレキャスト部材メーカー単独では工法開発が困難なこと、などがある。しかしこれらの障害は徐々に克服されつつあり、やがてプレキャストコンクリート工事の比率は増加するものと考えられる。

7.1.5　コンクリート関連規準の変遷

　大正3年、国鉄に諸外国の諸規程を参考とした「鉄筋混擬士（コンクリート）橋梁設計心得」が制定され、これはその後約10年間、鉄筋コンクリートの設計施工の標準となった。コンクリートの配合は1：2：4などの容積比で表わされ、施工法は乾コンクリートと湿コンクリートに分けられており、部材によって硬練りと軟練りのコンクリートを使い分けるように決められている。さらに大正10年には、国鉄により「土木及び建築工事示方書」が公布された。ここではコンクリートの配合を1：2：4、1：3：6、1：4：8と定め、それぞれの使用箇所について規定している。

　大正15年から、東京大学の佐野利器氏や永山彌次郎氏、九州大学の吉田徳次郎氏などがコンクリートに関する協議会を開催し、「コンクリートの圧縮強度試験標準方法・骨材単位容積重量試験標準方法」を定めた。

　土木学会は昭和6年、鉄筋コンクリート標準示方書を制定し、これにより鉄筋コンクリート構造物の設計、施工、研究の体系の基礎が形成された。ここでは、コンクリートの配合はセメント、細骨材、粗骨材の容積比で表わすように規定しており、コンクリートの運搬についてはシュートだけ、締固めについては突固めだけが規定されている。

　昭和15年には標準示方書が改訂され、さらに昭和24年に標準示方書が、無筋コンクリート標準示方書、鉄筋コンクリート標準示方書、コンクリート道路標準示方書、重力ダムコンクリート標準示方書、標準試験方法の5部門に分けられ、大幅に改訂された。

　以後、昭和31年、昭和42年、昭和49年にもコンクリートの施工技術や研究の発達にともなって改訂が行われた。さらに昭和61年には、コンクリート構造物の劣化現象に関する問題がクローズアップされたのを機に、アルカリ骨材反応対策や塩害に対する対策を盛り込んで大幅な改訂がなされ、平成8年の改訂を経て平成11年には耐久性照査型として改訂され、2002年、2007年、2012年と改訂が重ねられ、現在は2017年版が最新版となっている。定期的な見直しが予定されているので、最新版を参考にするとよい。

　コンクリート工事は、その工事に適した仕様書が作成され、それに準拠して進められる。と

ころがコンクリートを用いる目的は千差万別であり、それぞれの場合すべてに適応できるコンクリートの工事仕様書を定めることはむずかしい。しかし、各種のコンクリート工事に共通した点もきわめて多いので、土木学会のコンクリート標準示方書では、これらに共通する点を標準的に示してきた。このコンクリート示方書によれば、構造物建造の目的にあったコンクリートを、一定の品質を確保しながら経済的につくることができるので、一般の場合はこのコンクリート標準示方書を厳守すればよい。

社会資本整備であるコンクリート構造物は、より合理性が求められ、かつ施工技術者の技能を活かすことが望ましく、透明性、公平性の高い性能設計体系への移行が進められている。そこで、平成11年版コンクリート標準示方書［施工編］は、耐久性照査型として改訂され、材料、施工、設計の自由度に伴う技術の向上が期待され、工事の発注の仕組みも見直しが進んでいる。

現在わが国におけるコンクリートに関する規準類としては、土木学会のコンクリート標準示方書［設計編、施工編、ダムコンクリート編、維持管理編、規準編をはじめとして、種々の指針やマニュアルが制定されており、施工に際しては示方書はもとより、指針類についても尊重しなければならない。なお、日本コンクリート工学会、日本道路公団、電力会社、日本道路協会、大ダム会議、日本材料学会、日本建築学会などが定めた指針、仕様書なども参考にするとよい。また材料や機器あるいは試験方法などについての規格としては経済産業省産業技術環境局が日本工業規格（JIS）を多数定めており、土木学会、日本コンクリート工学会、日本道路協会、日本材料学会、水道協会などもJISに定めていない材料、機器などついて、あるいはJISよりさらに制限的な内容を必要とするものについての規格等を定めている。また厚生労働省は型枠、支保工その他についての各項を労働安全衛生規則の中で定めており、さらに、建築分野では、建築基準法に従うことが義務付けられている。

7.2　最近のコンクリート技術と展望

7.2.1　新しいセメントと混和材料

セメントを分類すると、硬化速度を速めるもの、モルタルやセメントミルクを注入しやすくするもの、コンクリートの水和熱による温度上昇量を少なくするもの、コンクリートの収縮を少なくするもの、耐久性を高めるものなどがある。生コン用セメントとしては、特別にサイロを必要とすることと、JIS化されていないと使いにくいことから、新しい製品が出されていない。しかし、混和材として使用するか、グラウトやモルタルなどに用いられる結合材はその時代の要請として開発されている。

硬化速度を速めるものとしては超速硬セメント、急結セメントなどがある。

超速硬セメントはアメリカポルトランドセメント協会の研究所により発明されたもので、わが国ではジェットセメントという商品名などで発売されたが、高価であり特殊な場合にしか使用されていない。アルミナセメントにみられるような転移現象による強度低下はなく、2～3

時間で実用的な強度を発現し、低温度でも満足な強度発現を示すことから、軌道などの応急補修工事に用いられる。また、混和材料としてセメントに混入し、同様の性能を出すものもある。

　モルタルやセメントミルクを注入しやすくするものとしてはコロイドセメントがある。このセメントはセメント粒子を微粉砕したもので、岩盤内やコンクリート打継目への注入材として用いられている。

　コンクリートの水和熱による温度上昇量を少なくするものとしては中庸熱セメント、高炉セメント、フライアッシュセメントなどがあるが、これらのセメントの性質をさらに改良したセメント、あるいは中庸熱セメント、高炉スラグ、フライアッシュなどを適正な割合で混合した低発熱性セメントなどが開発され、大型工事などで使用されている。開発されたセメントの一例を**表-7.1**に示す。

　これらのセメントを用いたコンクリートの断熱温度上昇試験結果は、**図-7.7**に示すとおりで

表-7.1　低発熱性セメントの性質

	セメントの種類	セメントの略号*	比重	ブレーン比表面積(cm²/g)	凝結 水量	始発(h-min)	終結(h-min)	曲げ強さ N/mm² 3日	7日	28日	91日	圧縮強さ N/mm² 3日	7日	28日	91日	水和熱 (J/g) 3日	7日	28日	91日
A	普通－スラグ系 二成分	NS 58	3.00	3 590	32.2	4-07	5-42	1.9	3.5	6.0	6.8	7.8	16.4	37.8	50.3	175	227	301	354
B	二成分	NS 67	2.81	3 050	29.6	3-30	5-10	1.8	3.3	6.1	6.8	6.0	13.8	30.9	42.2	142	173	228	252
C	中庸熱－スラグ系 二成分	MS 55	2.95	3 350	28.4	4-16	6-51	1.5	2.4	5.7	7.3	5.0	9.1	25.6	38.0	160	201	269	313
D	二成分	MS 70	3.00	3 870	31.5	4-18	6-16	1.3	3.7	6.5	8.2	6.7	16.1	30.9	42.3	141	190	218	243
E	早強－スラグ系 二成分	HS 80	2.94	5 060	27.6	5-24	7-45	3.8	5.8	6.6	6.9	13.1	25.7	42.7	56.7	179	215	247	269
F	中庸熱－スラグ－フライアッシュ系	MS 50-F 20	2.94	3 830	30.8	5-36	7-06	1.8	3.3	6.7	8.2	5.7	11.7	31.1	44.8	150	213	260	282
G	フライアッシュ系	MS 40-F 15	3.02	3 600	32.6	5-15	8-15	1.8	3.1	6.2	7.1	5.6	11.8	31.3	51.1	182	204	272	293
H	三成分	MS 40-F 20	2.93	3 550	30.0	4-50	7-25	1.9	3.3	6.7	7.1	5.8	12.2	35.0	51.3	158	199	271	280
BB	高炉セメントB種	NS 50	3.03	3 460	29.6	3-43	5-04	2.8	4.3	6.3	—	10.5	19.6	39.4	—	186	261	326	—

（注）　*セメントの略号は混合比率を示し，N：普通，M：中庸熱，H：早強，S：高炉スラグ，
　　　　F：フライアッシュで，S，Fの後の数字はその混合比率である。

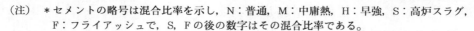

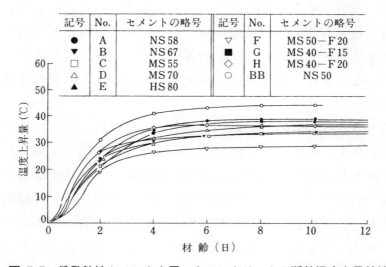

記号	No.	セメントの略号	記号	No.	セメントの略号
●	A	NS 58	▽	F	MS 50－F 20
▼	B	NS 67	■	G	MS 40－F 15
□	C	MS 55	◇	H	MS 40－F 20
△	D	MS 70	○	BB	NS 50
▲	E	HS 80			

図-7.7　低発熱性セメントを用いたコンクリートの断熱温度上昇特性

あるが、従来の高炉セメントと比較しても最大で15℃程度低減されている。なお、さらに低発熱性のセメントも開発され、明石海峡大橋をはじめとする本四連絡橋に適用された。その後、中庸熱ポルトランドセメントよりさらに発熱の小さい低熱ポルトランドが開発され、最近その実績が増加している。

　耐久性を高めるものとしては、耐硫酸塩セメントや前述の高炉スラグやフライアッシュなどを含む混合セメントがある。コンクリートの収縮を少なくするものとしては膨張セメントがある。このセメントは、一般にベースとなるポルトランドセメントに、遊離粗粒石灰の膨張を利用した石灰系膨張材やCSAと称されている硫酸アルミン酸石灰系の膨張材を加えたもので、コンクリートパイルなどの二次製品や地下室、プール、倉庫などの現場打ち無収縮コンクリート、左官用モルタル、などに用いられている。また、混和剤で収縮を少なくする方法も実用化され、収縮低減剤として市販されている。

　比較的一般化している流動化剤、膨張材、遅延剤などについても、その性能をさらに改良したり高品質にする試みがなされ、高性能AE減水剤、スランプロス低減形流動化剤、水和熱抑制膨張材、超遅延剤、無塩化形早強混和剤、寒冷地用不凍性混和剤なども実用化され、その効果を発揮している。

7.2.2　各種の骨材とその製造技術

　昭和20年ごろまでは、骨材需要が少なかったこともあって、コンクリート用骨材としてはもっぱら河川砂利および川砂が使用されてきた。しかし昭和30年代に入ると、骨材需要の伸びは激化し、砂利生産方式の急激な機械化が促進され、乱掘が行われて河川の保全上深刻な問題を招くこととなった。このため、昭和40年ごろから河川砂利以外に山・陸砂利や海砂利も使用され始め、また砕石への依存率も次第に高まった。さらに、瀬戸内海の海砂採取規制から、海砂の使用にも制約が生じ、砕砂の使用が増加した。

　今後は、山・陸砂利や海砂利の好条件の採取場所が少なくなっているため、コンクリート骨材は長期的には砕砂、砕石に依存せざるを得なくなると考えられる。このような骨材資源の枯渇化と同時に産業副産物の有効利用の見地から、最近、新種骨材として高炉スラグ粗骨材、銅スラグ骨材、フェロニッケルスラグ骨材などの各種スラグ骨材、フライアッシュを用いた軽量骨材などが出現している。また、解体後のコンクリート廃材からの再生骨材の使用に関しても研究が進められている。

　骨材の開発目的のもう一つに骨材の軽量化がある。軽量骨材コンクリートはローマ時代から使用されてきたといわれているが、人工的に粘土類を焼成、発泡させて造られる人工軽量骨材がコンクリート用骨材として始めて使用されたのは1918年、アメリカにおける船の建造である。

　現在、軽石は軽量ブロック用、人工軽量骨材は構造用、パーライトは断熱用に主として使用されている。このうち、人工軽量骨材は断熱性が大きいため、省エネルギー建築物の構造材料として有利である。また、コンクリートの軽量化による部材断面の縮小とこれにともなう型枠、支保工のコスト低減が可能である。

7.2.3　コンクリートのリサイクル

コンクリートの解体技術は、主として建築の分野で研究・開発されてきた。これは、土木の分野では構造物の供用期間が一般に長く、また、解体時の騒音に対する周辺環境条件が比較的ゆるいので開発のニーズが少なかったためと考えられる。しかし、市街地の土木工事の更新需要が増大し、住民の騒音公害に対する反発が強くなるに従い、土木分野でも解体工事の騒音対策を講じなければならない状況になっている。

コンクリート構造物の解体工法としては、①転倒解体、②スチールボールによる解体、③コンクリートブレーカ、ピックハンマなどによる破壊、④火薬またはそれに準ずるものによる爆破、⑤ダイヤモンドカッター、ワイヤーソーによる切断、⑥火えんジェット、ウォータージェットによる切断、⑦油圧ジャッキによる破壊、⑧薬品による破壊、などがある。

解体方法を検討するにあたっては、それぞれの工法の長所・短所を考慮して決める。また、環境への影響を考慮し、騒音、振動のほか、解体したコンクリート塊を有効利用することを考えなければならない。コンクリートの解体ガラは、粉砕して路盤材として利用する方法と、コンクリート用骨材に再生してリサイクルコンクリートとする方法がある。再生骨材については、使用しやすくするために、JIS化され、コンクリート用再生骨材H（JIS A 5021）は生コン用として使用でき、再生骨材Mを用いたコンクリート（JIS A 5022）、再生骨材Lを用いたコンクリート（JIS A 5023）もJIS化され、使用環境が整えられている。

7.3　コンクリートを取り巻く環境問題

7.3.1　カーボンニュートラルに向けて

地球温暖化がもたらす影響は、海面の上昇、健康被害、生態系の破壊のほか、異常気象を引き起こして、災害が頻発するなど様々である。地球温暖化のもとになるのは、温室効果ガスとされているが、なかでも二酸化炭素の排出が大きな原因となっている。

セメントは、生産時に多量の二酸化炭素を排出することから、セメントを用いるコンクリートが悪い影響をしているとされているが、災害の強いのもコンクリート構造物である。そこで、コンクリート構造物を長寿命化することが望まれるが、過去に構築されたコンクリート構造物の劣化もまた問題とされ、これらの解決が模索されている。

いずれにせよ、二酸化炭素の排出削減は喫緊の課題であり、我が国は、2050年までに温室効果ガスの排出量を全体としてゼロにすることが当時の総理大臣から表明された。すなわち、2050年にカーボンニュートラル、脱炭素社会の実現を目指すとされている。

カーボンニュートラルとは、CO_2の排出量と吸収量の差し引きがゼロとなることで、これにより持続可能な社会となる。しかし、脱炭素社会が困難な業界もあり、炭素にお金を結び付け、炭素税や排出量取引など、カーボンプライシングの導入も検討されている。

各企業もこれに応じるため、様々な検討が進められ、セメント以外の副産物の有効利用や二酸化炭素を混入する取り組みが進められているので、注視したいものである。

7.3.2　省エネルギー対策

　わが国の産業は、これまで石油をエネルギー源として発展してきたが、1970年代のオイルショック以来、資源・エネルギー問題に対して柔軟な対応を迫られるようになり、建設分野でもこれらの問題に対しての見直しが要求されてきた。

　構造物の建設における材料の主流を占めるものは、鋼材とコンクリートであるが、一般に鋼構造よりコンクリート構造のほうが消費エネルギーは少なく、また、鉄筋コンクリート構造とプレストレストコンクリート構造との比較では、後者が前者の約70％程度と言われている。

　コンクリートを製造する場合にも、セメントの種類により差異があり、フライアッシュセメントや高炉セメントのほうが省エネルギーの見地からは有利である。また、この種の混合セメントは、火力発電や製鉄の副産物を混合材としたもので、省資源的にも意味が大きい。

　設計荷重に対する構造部材の薄肉化も、省エネルギー、省資源対策となる。このためには、複合材料の使用などによる軽構造化、高性能減水剤によるコンクリートの高強度化、施工精度や構造設計法などの向上による過大な安全率の見直しを図ることも考慮に値する。

　産業副産物の活用も重要である。最近の天然資源の枯渇化による骨材の不足を補うものとして高炉スラグ骨材や各種のスラグ骨材の利用が挙げられる。

　省エネルギー、省資源を推進するために考えなければならないことは、使用材料、施工にかかわるエネルギーと構造物の供用上必要なエネルギー、あるいは破壊エネルギーなどの総合的な評価が大切であり、他方、地球の総合エネルギー的な観点からとらえる姿勢も必要である。

7.3.3　コンクリート施工専業者への期待

　土木建設業は、戦前までは、土木請負業あるいは単に請負業と呼ばれていたが、昭和24年の建設業法の公布を契機に、土木建設業と業名を改めることになった。昭和40年代に入ると、各企業は競って「ゼネコン化」の体制づくりを進めて工事獲得の量的拡大を図ってきた。しかし、オイルショックの後、低採算工事による収益の悪化と並行して、機械化施工が普及したために、企業の合理化の必要性が増し、他業界と同様に人員削減が叫ばれるようになった。

　ところが建設業は他産業のように経済合理性で割り切れない側面をもっており、なかなか体質の転換が行われていない。この対策としては、建設業の特質である受注生産、一品生産、移動生産の機構に合った元請・下請制度の質的転換が有効であると考えられる。すなわち、これまで労働力の需要調整機能を担っていた下請けが、職別専門工事施工機能をもつ専業者として、社会的分業体制の一翼を担う方向に進むのが理想的である。このためには、専業者が生産手段を直接保有し、技能者の直接雇用を促進しなければならないと考えられる。

　コンクリート工事に限っていえば、現在、コンクリートの生産と運搬の面では分業化が進め

られている。ところが、型枠工、鉄筋工や打設工については、技術的、工業的な専門化、分業化が必ずしも適切ではなく、今後は、型枠・鉄筋の組立てから打設まで、あるいは生産、運搬から打設までの一貫した品質管理、施工管理技術を保有した専業者の成長が期待される。

　当然、このような専業者はコンクリート主任技士、コンクリート技士などの資格を有する技術者や、優秀なコンクリート圧送技能者、型枠技能者、鉄筋技能者を抱える必要があるし、独自の施工技術、施工機械を保有するのも効果的である。専業化は、省力化、施工法の改善、およびコンクリートの品質の向上に、大きな役割を果たすものと考えられるが、分業化が過度に進むと、全体を把握する管理技術者の専門性が低下することが懸念され、今後の管理技術者のあり方を問われる。

7.4　コンクリートに関連する資格

　コンクリート技士およびコンクリート主任技士は、日本コンクリート工学会が年に一回試験を実施してその合格者に与えられる称号である。前者はコンクリートの製造、施工、試験、検査、監督など日常の技術的業務を実施する能力を有する技術者、後者はコンクリート技士の能力に加え、コンクリートの製造、施工および試験研究における計画、管理、指導などを実施する能力のある高度の技術を有する技術者として評価される。

　コンクリート標準示方書では、工場（生コン工場）が原則としてJISマーク表示許可工場で、かつコンクリート主任技士、またはコンクリート技士の資格をもつ技術者あるいは、これらと同等以上の知識経験を有する技術者の常駐している工場から選定しなければならないと規定している。

　このほか文部科学省主管の技術士（建設部門・鋼構造およびコンクリート分野）はコンクリート関係のコンサルタントとして、国土交通省主管の一級および二級土木施工管理技士はコンクリート構造物の施工、管理にたずさわる現場監督者にとって、それぞれ有用な資格である。

　また、土木学会では、特別上級、上級、1級、2級と階層のある技術者資格制度を設立し、それぞれの役割を示方書に与える方針である。

　専門工事においては、例えば、コンクリート圧送に係わる技能者には、1級および2級のコンクリート圧送施工技士の資格制度が確立され、さらに、国土交通省が推奨する資格として、各工種で基幹技能者資格が設立され、登録コンクリート圧送基幹技能者制度がある。この資格者は、圧送に係わる十分な経験を有し、職長資格があることを前提としているため、元請との専門的な協議ができる頼りになる専門業として期待される。

7.5　コンクリートに関する用語

（ア）

あき － 互いに隣り合って配置された鋼材の純間隔。

アジテーターカー － フレッシュコンクリートが打ち込まれる前に、材料分離が生じないようにかき混ぜる車。

上げ越し － 型枠を、打ったコンクリートの質量その他によるたわみを覚悟して、これらに相当するだけ高めておくこと。

アルカリシリカ反応 － 骨材中のある種の鉱物とコンクリートの細孔溶液中に存在する水酸化アルカリとの化学反応、あるいは、その結果生じたコンクリートのひび割れを主体とした劣化。

打重ね － 幾分固まり始めたコンクリート上に新コンクリートを打ち込むことをいう。幾分固まり始めたコンクリートとは、振動機をかけても再びプラスチックにはならないほどには固まっていないコンクリート。

異形棒鋼 － リブまたはふしなどの表面突起を有する棒鋼で、JIS G 3112に規定する熱間圧延異形棒鋼またはこれと同等の品質および形状を有する鉄筋。

エントレインドエア － AE剤、AE減水剤等の表面活性作用によってコンクリート中に生じる微小な独立した気泡。連行空気ともいう。

エントラップトエア － 混和剤を用いなくても、コンクリート中に自然に形成される気泡。

AEコンクリート － エントレインドエアを含んでいるコンクリート。

AE剤 － 混和剤の一種で、微小な独立した空気のあわをコンクリート中に一様に分布されるために用いる材料。

鉛直打継目 － 旧コンクリートの鉛直面に新しいコンクリートを打ち継ぐときにできる継目。

エフロレッセンス － コンクリートまたはモルタルの施工後相当日時を経過したのち、その表面ににじみ出た白色の物質。これは、セメント中に含まれる硫酸塩、炭酸塩が水に溶けて表面に現われ、水が蒸発して折出した塩で、炭酸カルシウムを主成分とするものである。

遠心力締固め － 型枠に高速回転を与え、遠心力を利用してコンクリートを締固めること。

オートクレーブ養生 － コンクリートの硬化を促進するために高温高圧蒸気がまの中で行う養生。

温度ひび割れ指数 － マスコンクリートのひび割れ発生の検討において用いる指数で、コンクリートの引張強度を温度応力で除いた値。

温度制御養生 － 打込み後一定期間コンクリートの温度を制御する養生。

（カ）

かぶり － 鋼材あるいはシースの表面からコンクリート表面までの最短距離ではかったコンクリートの厚さ。

外部拘束応力 － 新しく打ち込まれたコンクリートブロックの自由な熱変形が外部から拘束された場合に生じる応力。

管理図 － 工程が安定な状態にあるかどうかを調べるため、または工程を安定な状態に保持するために用いる図。

強熱減量 － セメントを800～900℃で強熱したときの質量の減少百分率をいう。主として水分と炭酸ガスの量であって、セメントの風化の程度または混合物の存在を示す。JIS R 5202（ポルトランドセメントの化学分析方法）参照。

凝結 － ペースト、モルタルおよびコンクリート等が流動体から固体で変化すること。

凝結時間 － セメントを水で練ってから凝結するまでの時間。

偽凝結 － セメントに注水後15分ぐらいで凝結の始発が起り、一見急結のように見えるが、直ちに軟化して最初の状態にもどり、その後しばらくは何らの異状なく、1時間以後に再び始発に達し、引続き凝結が進行して通常のように終結に達する現象。

給熱養生 － 養生期間中なんらかの熱源を用いてコンクリートを加熱する養生。

クリープ － 持続荷重によってコンクリートに起こる経時的塑性変形。

減水剤 － 表面活性剤の一種で、セメント粒子を分散させることによって、コンクリートの所要のワーカビリティーを得るために必要な単位水量を減らすことを主目的とした材料。

軽量骨材 － 膨張頁岩、膨張粘土、フライアッシュ等を主原料として人工的に焼成して製造した構造用人工軽量骨材で、細骨材の場合、絶乾密度が$1.8g/cm^3$未満、粗骨材の場合、絶乾密度が$1.5g/cm^3$.未満のもの。

軽量骨材コンクリート － 骨材の全部または一部に軽量骨材を用いて造ったコンクリート。

軽量骨材の表面乾燥状態 － 湿潤状態の軽量骨材から、その表面水を取り除いた状態。

軽量骨材の表乾密度 － 表面乾燥状態の軽量骨材粒の密度。

検査 － 品質が判定基準に適合しているか否かを判定する行為。

現場養生 － コンクリート供試体を工事現場で築造する構造物と同じような条件で養生すること。

骨材の含水率 － 骨材の表面および内部にある水の全質量の、絶乾状態の骨材質量に対する百分率。

骨材の吸水率 － 表面乾燥飽水状態の普通骨材あるいは表面乾燥状態の軽量骨材に含まれている全水量の、絶乾状態の骨材質量に対する百分率。

骨材の有効吸水率 － 骨材が表面乾燥飽水状態になるまでに吸水する水量の絶乾状態の骨材質量に対する百分率。

骨材の表面水率 － 骨材の表面に付着している水量の、普通骨材では表面乾燥飽水状態、軽量骨材では表面乾燥状態の骨材質量に対する百分率。

骨材 － モルタルまたはコンクリートを造るために、セメントおよび水と練り混ぜる砂、砂利、海砂、砕砂、砕石、高炉スラグ細骨材、高炉スラグ粗骨材、その他これらに類似の材料。

骨材の実積率 － 容器に満たした骨材の絶対容積のその容器の容積に対する百分率。

骨材の粗粒率 － 80mm、40mm、20mm、10mm、5mm、2.5mm、1.2mm、600μm、300μm、150μmふるいの一組を用いて、ふるい分け試験を行った場合、各ふるいを通らない全部の量の全試料に対する質量百分率の和を100で割った値。

骨材の表面水 － 骨材粒の表面に付着し、コンクリートの練混ぜ水の一部となり得る水、骨材に含まれる水から骨材粒の内部に吸収されている水を差し引いたもの。

骨材の表面乾燥飽水状態 － 骨材の表面水がなく、骨材粒の内部の空げきが水で満たされている状態。

骨材の絶対乾燥状態 － 骨材粒の内部の空げきに含まれている水がすべて取り去られた状態。

骨材の表乾密度 － 表面乾燥飽水状態の骨材粒の密度。

骨材の絶乾密度 － 絶対乾燥状態の骨材粒の密度。

コールドジョイント － 打ち込んだコンクリートと後から打込んだコンクリートとの間の完全に一体化していない継目。

コンクリート － セメント、水、細骨材、粗骨材および必要に応じて混和材料を構成材料とし、練混ぜその他の方法によって一体化したもの。

コンシステンシー － 変形あるいは流動に対する抵抗性の程度で表わされるフレッシュコンクリート、フレッシュモルタル、またはフレッシュペーストの性質。

骨材の粒度 － 骨材の大小粒が混合している程度。

高炉スラグ粗骨材 － 高炉スラグを空気中で冷やし、これを砕いた砕石。

高炉スラグ － 鉄溶鉱炉（高炉）生成物で、鉄以外の不純物の集まったもの、人工骨材、高炉セメント原料等としても利用される。

混和材料 － セメント、水、骨材以外の材料で、打込みを行う前までに必要に応じてセメントペースト、モルタルまたはコンクリートに加える材料。

混和材 － 混和材料のうち、使用量が比較的多くて、それ自体の容積がコンクリートの配合の計算に考慮されるもの。

混和剤 － 混和材料のうち、使用量が比較的少なくて、それ自体の容積がコンクリートの配合の計算において無視されるもの。

工場製品 － 管理された工場で継続的に製造されるプレキャストコンクリート製品。

鋼材 － 鉄を主成分とする構造用炭素鋼の総称で、鉄筋コンクリート用棒鋼、PC鋼材、形鋼、鋼板等が含まれる。

鋼繊維補強コンクリート － 鋼繊維を混入して、主として靭性や耐磨耗性等を高めたコンクリート。

（サ）

細骨材　－　10mmふるいを全部通り、5mmふるいを質量で85%以上通貨する骨材。

再振動　－　コンクリートがプラスチックにもどるように2度目の振動をかけること。

細骨材率　－　骨材のうち、5mmふるいを通る部分を細骨材、5mmふるいにとどまる部分を粗骨材として算出した。細骨材量と骨材全量との絶対容積比を百分率で表わしたもの（記号：s/a）。

砂利　－　川砂利、陸砂利、海砂利等の天然の粗骨材の総称。

自己収縮　－　温度変化、外力、水分の浸入逸散等によるものでなく、セメントの水和の連行にみに起因する収縮。

収縮　－　乾燥収縮、自己収縮、炭酸化収縮、温度変化や外力に伴う収縮の総称。

始発（凝結の）　－　セメントの凝結試験において凝結の始発として示される現象。

終結　－　セメントの凝結試験において凝結の終結として示される現象。

湿潤養生　－　打込み後一定期間コンクリートを湿潤状態に保つ養生。

蒸気養生　－　コンクリートの硬化を促進するために常圧蒸気で行う養生。

初期養生　－　寒中コンクリートなどにおいて必要となる。表面仕上げののちに行う。

初期凍害　－　凝結硬化の初期に受けるコンクリートの凍害。

支保工　－　せき板を所定の位置に固定するための支柱、間柱、斜柱、ぬき材、つなぎ材等。型枠の一部。

収縮目地　－　コンクリート版が収縮するときに、コンクリート版に不規則なひび割れができるのを防ぐためにつくる目地。

水和｛作用｝　－　セメントと水との化学反応によって、柔らかいセメントペーストが時間のたつにつれて、次第に固まり、ついに非常に硬くなる作用。

水和熱　－　セメントと水の水和作用に伴って発生する熱。

水密コンクリート　－　透水性の小さいコンクリート。

水中コンクリート　－　淡水中、安定液中あるいは海水中に打込むコンクリート。

水中不分離性コンクリート　－　水中不分離性混和剤を混和することにより、材料分離抵抗性を高めた水中で材料分離を生じにくいコンクリート。

スペーサ　－　鉄筋あるいは緊張材やシースに所定のかぶりを与えたり、その間隔を正しく保持したりするために用いるモルタル製、コンクリート製などの部品。

砂　－　川砂、陸砂、海砂等の天然の細骨材の総称。

砂すじ　－　コンクリート表面に見られる砂の集まったすじ。コンクリート表面欠点の一つ。

すりへり抵抗性（骨材の）　－　すりへりに対する抵抗性。これが大きいコンクリートをつくるに適している骨材の母岩は、堅硬な石英、ケイ（珪）岩、その他多くの密実な火山質、シリカ質の岩石等である。

水平換算長さ　－　コンクリート圧送に用いる垂直管、ベント管、テーパ管、フレキシブルホースなどを、同等の管内圧力損失に見合う水平管に換算したときの相当長さ。

水平換算距離 － コンクリートポンプの配管が垂直管、ベント管、テーパ管、フレキシブルホースなどを含む場合に、これらをすべて水平換算長さによって水平管に換算し、配管中の水平管部分と合計した全体の距離。

水平打継目 － コンクリート打設時に作業上または型枠の都合上設けた水平な打継目。

形成 － コンクリートを型枠に詰め、締め固めて工場製品の形を造ること。

生産者危険率 － 合格としたい良い品質のロットが不合格となる確率。

セメント － JIS R 5210のポルトランドセメントおよびJIS R 5211の高炉セメント、JIS R 5212のシリカセメントおよびJIS R 5213のフライアッシュセメントなどの水硬性セメント。

セメントペースト － モルタル構成材料のうち細骨材を欠くもの。

セメントバチルス － セメント中の石こうまたは海水中の硫酸塩が反応してできたアルミン酸硫酸石灰$3CaO \cdot Al_2O_3$、$3CaSO_4 \cdot nH_2O$。膨張してコンクリートのひび割れ破壊を生ずる。

製造責任者 － 工場製品の製造に責任をもつ工場の技術者。

責任技術者 － 工事に責任をもつ技術者。

専門技術者 － 責任技術者から個々の工事について責任の一部の分担を命ぜられた専門的知識を有する技能者。

潜在水硬性 － それ自身は水を加えても硬化しないが、石灰とかセメントのアルカリ刺激によって硬化反応をする性質。

設計基準強度 － 設計において基準とする強度で、コンクリートの強度の特性値。一般に材齢28日における圧縮強度（記号：f'_{ck}）を基準とする。

せき板 － 型枠の一部でコンクリートに直接接する木、金属、プラスチック類等の板類。

粗骨材 － 5mmふるいに重量で85%以上留まる骨材。

粗骨材の最大寸法 － 質量で少なくとも90%が通るふるいのうち、最小寸法のふるいの呼び寸法で示される粗骨材の寸法。

粗骨材の最小寸法 － 質量で少なくても95%がとどまるふるいのうち最大寸法のふるいの呼び寸法で示される粗骨材の寸法。

促進養生 － コンクリートの硬化を促進するために行う養生。

即時脱型 － 超硬練りコンクリートに強力な振動締固めあるいは圧力等を加えて成形した後ただちに型枠の一部または全部を取り外すこと。

（タ）

耐久性 － 品質の経時劣化が少なく、所要の供用期間中に要求される性能の水準を持続しうる度合い。

耐凍害性 － 凝結融解の繰返し作用に対する抵抗性。

単位粗骨材容積 － コンクリート1m³をつくるときに用いる粗骨材のかさ容積で、単位粗骨材量をその粗骨材の単位容積質量で割った値。

単位量 － コンクリートまたはモルタル1m³を造るときに用いる材料の量。

断熱温度上昇量　－　完全断熱したときに水和熱によって生ずる温度上昇量。

遅延剤　－　混和剤の一種で、セメントの凝結時間を遅くするために用いる材料。

注入モルタル　－　プレパックドコンクリート等の注入に用いるもので、セメント、フライアッシュあるいはその他の混和材、砂、プレパックドコンクリート用混和剤あるいはその他の混和剤、水等を練り混ぜてできたもの。

鉄筋　－　コンクリートに埋め込んだコンクリートを補強するために用いる棒鋼。

鉄筋コンクリート　－　鉄筋で補強されたコンクリートで、外力に対して両者が一体となって働くもの。

鉄骨鉄筋コンクリート　－　鉄骨と鉄筋で補強されたコンクリート。

透水係数　－　コンクリート中を定常状態で流される水量に関するDarcyの法則、$Q = Kc \cdot A \cdot \varDelta H / L$　{Q：流量（cm³／秒）、A：断面積（cm²）、L：長さ（cm）、$\varDelta H$：水頭差（cm）}　のKc（cm／秒）

（ナ）

内部拘束応力　－　コンクリート断面内の温度の差から発生する内部拘束作用による応力。

練返し　－　コンクリートが固まり始めたあと再び練り混ぜる作業。水を加えずに練り返せば、コンクリートの強度は増加し、硬化収縮は少なくなるが、練返しが不十分であったり、加水するおそれがあるため、練返しコンクリートの使用は禁じられている。

伸び能力　－　コンクリートが引張応力をうけて破壊することなく伸びられる能力。

（ハ）

配合　－　コンクリートまたはモルタルを造るときの各材料の割合または使用量。通常は１m³あたりの各材料の質量で示す。

配合強度　－　コンクリートの配合を定める場合に目標とする圧宿強度。一般に材齢28日における圧縮強度（記号：f'_{cr}）を基準とする。

パイプクーリング　－　マスコンクリートの施工において、打込んだ後のコンクリートの温度を制御するため、あらかじめコンクリート中に埋込んだパイプの中に冷水または冷気を流してコンクリートを冷却する方法。

バッチ式ミキサ　－　１練りずつ、コンクリートを練り混ぜられるミキサ。

ひび割れ抵抗性　－　コンクリートに要求されるひび割れの発生に対する抵抗性。

品質管理　－　使用の目的に合致したコンクリート構造物を経済的に造るために、工事のあらゆる段階で行う。効果的で組織的な技術活動。

標準養生　－　20±3℃に保ちながら、水中または湿度100%に近い湿潤状態で行う養生。

PC鋼材　－　プレストレスを与えるために用いる高強度の鋼材でPC鋼線、PC鋼より線およびPC鋼棒がある。

普通丸鋼 － リブまたはふしなどの表面突起を有しない円断面の棒鋼で、JIS G 3112に規定する熱間圧延棒鋼またはこれと同等の品質および形状を有する鉄筋。

プレストレス － 荷重作用によって断面に生じる応力を打消すように、あらかじめ計画的にコンクリートに与える応力。

プレストレストコンクリート － PC鋼材によってプレストレスが与えられる一種の鉄筋コンクリート。

プレパックドコンクリート － あらかじめ施工箇所に特定の粒度をもつ粗骨材を詰め、その間げきに注入モルタルを充てんして得られるコンクリート。

プラスティシティー － 容易に型に詰めることができ、型を取り去るとゆっくり形を整えるが、くずれたり、材料が分離したりすることのないようなフレッシュコンクリートの性質。

フィニッシャビリティー － 粗骨材の最大寸法、細骨材率、細骨材の粒度、コンシステンシー等による仕上げの容易さを示すフレッシュコンクリートの性質。

風化 － セメントが空気中の部分およびCO_2ガスを吸収して密度を減じ、強度を低下し、強熱減量を増すこと。これを軽微な加水分解と硬化であるといわれる。

吹付けコンクリート － 圧縮空気を利用して、ホース中を運搬したコンクリート、またはモルタル、あるいはそれらの材料を施工面に吹き付けて形成させたコンクリートまたはモルタル。ショットクリートともいう。

プレキャストコンクリート － 工場または現場の製造設備により、あらかじめ製造されたコンクリート部材または製品。

ブリーディング － フレッシュコンクリート、フレッシュモルタルまたはフレッシュペーストにおいて、水が上昇する現象。

フレッシュコンクリート、フレッシュモルタル、フレッシュペースト － まだ固まらないコンクリート、モルタルおよびセメントペースト。

プレクーリング － コンクリートの打込み温度を低くする目的でコンクリート用材料を冷却すること。または、打込み前にコンクリートの冷却を行うこと。

プレウェッチング － 骨材を用いる前にあらかじめ吸水させる操作。

浮粒率 － 軽量粗骨材のうち、水に浮く粒子の質量百分率。

ふるい － JIS Z 8801「試験用ふるい」に規定する金属製網ふるい。

変動係数 － 変量xのばらつきの幅が、その平均値$\bar{x}$に対してどんな割合の大きさになっているかを表わす量をいう。変動係数Vは、ばらつきの幅を表わす量として標準偏差σを用い、次のように定義される。　$V=\dfrac{\sigma}{x}\times100$（％）

保温養生 － 断熱性の高い材料などでコンクリート表面を覆って熱の放出を極力抑え、セメントの水和熱を利用して必要な温度を保つ養生。

膨張コンクリート － 混和材として膨張材を加えて造ったコンクリート。

ポゾラン － 天然産または人工のシルカ質混合材の総称。それ自体に水硬性はないが、コンクリート中の水に溶けている水酸化カルシウムと常温で徐々に反応して、不溶性のけい酸カ

ルシウム水和物になる。この作用をポゾラン反応という。

ポルトランドセメント　－　主として石灰質原料および粘土質原料を適当な割合で十分混合し、その一部が溶融するまで焼成して得たクリンカーに、適量の石こうを加え、粉砕してつくったセメント。

ホットコンクリート　－　練混ぜ直後のコンクリート温度を40℃以上としたコンクリート。

（マ）

マスコンクリート　－　部材あるいは構造物の寸法が大きく、セメントの水和熱による温度の上昇を考慮して施工しなければならないコンクリート。

水セメント比　－　練上り直後のコンクリートまたはモルタルにおいて、骨材が表面乾燥飽水状態であるとしたときのセメントペースト部分における水とセメントとの質量比。一般に質量百分率で表示する（記号：W/C）。

水結合材比　－　セメントに類似した結合作用を有する混和材を用いて練りまぜたモルタルまたはコンクリートにおいて、骨材が表面乾燥飽水状態であると考えて算出されるペースト中の水量をセメントと混和材の質量の和で除した値。（記号例：$W/C+F$）。

無筋コンクリート　－　鋼材で補強しないコンクリート。ただし、コンクリートの収縮ひび割れその他に対する用心のためだけに鋼材を用いたものは無筋コンクリートとする。

面取り　－　型枠の隅面に削型または斜角材を設けること。

モルタル　－　コンクリートの構成材料のうち粗骨材を欠くもの。

流動化コンクリート　－　あらかじめ練り混ぜられたコンクリートに流動化剤を添加し、これをかくはんして流動性を増加させたコンクリート。

レイタンス　－　ブリーディングに伴い、コンクリート、モルタルまたはペーストの表面に浮き出て沈殿したもので、セメントや骨材中の微粒子からなる。

レディーミクストコンクリート　－　整備されたコンクリート製造設備をもつ工場から、随時に購入することができるフレッシュコンクリート。

連続ミキサ　－　コンクリート用材料の計量、供給および練混ぜを行う各機構を一体化して、フレッシュコンクリートを連続して製造する装置。

（ワ）

ワーカビリティー　－　コンシステンシーおよび材料分離に対する抵抗性の程度によって定まるフレッシュコンクリート、フレッシュモルタル、またはフレッシュペーストの性質であって、運搬、打込み、締固め、仕上げなどの作業の容易さを表わす。

割増し係数　－　配合強度を定める際に、品質のばらつきを考慮し、設計基準強度を割増すために乗じる係数。

付　録

1．コンクリートの配合設計例
2．国際単位系（SI）

付　録

1．コンクリートの配合設計例

計画時の配合の計算例と試し練りの手順および施工時の配合の計算方法を以下に例示する。

> **例題**
>
> 　厳しい気候条件の土地につくる鉄筋コンクリート控え壁に用いるAEコンクリートの配合を設計する（構造物の露出状態：普通、鉛直壁厚：20cm）、コンクリートの設計基準強度は$f'_{ck}=24$N/mm^{2}とし、使用材料の試験結果はセメントの密度3.15g/cm^3、砂の表乾密度2.63g/cm^3、砕石の表乾密度2.65g/cm^3、砂の粗粒率2.60であり、良質のAE減水剤を用いるものとする。
>
> 　なお、品質管理状態は比較的良好で強度の変動係数は10％である。

(1)　設計手順

1）粗骨材の最大寸法

部材の最小寸法を20cm、鉄筋の最小あきを8cmとすれば、それぞれの1/5および3/4より小さい径の粗骨材とする必要がある。この範囲内で、粗骨材の最大寸法が大きい程、同一スランプを得るための単位水量、単位セメント量は低減できる。第1章**表-1.7**を参考にして、20mmとする。

2）スランプ

第1章**表-1.8**〜第1章**表-1.11**を参考にして打込み時の最小スランプを10cmとする。部材厚が薄いのでスランプは大きめとした。練混ぜから運搬過程でのスランプロスおよびスランプの変動を考慮して、練混ぜ直後の目標スランプは15cmとする。

3）空気量

第1章**表-1.15**より、粗骨材の最大寸法が20mmのAEコンクリートの場合6％である。通常、空気量は4.5±1.5％の範囲で耐凍結融解抵抗性を確保できるが、厳しい気候条件下であることを配慮し、5.0％を目標値とした。なお、運搬中の気泡の減少を考慮して練混ぜ直後の空気量の目標値を5.5％とする。

4）水セメント比

i）所要の強度から定まる水セメント比

この材料を用いて試験した結果、粗骨材の最大寸法20mm、空気量5.0％のコンクリートの$C/W-f'_{c28}$の実験式が次の通りであった。

$$f'_{c28} = -16.5 + 26.5C/W \quad (1)$$

予想される強度の変動係数が10%であるので第1章図-1.7より$\alpha = 1.21$とするため、目標強度f'_{cr}は以下の通りである。

$$f'_{cr} = \alpha \cdot f'_{ck} = 1.21 \times 24.0 = 29.0 \ (N/mm^2) \ (2)$$

水セメント比は(1)式に代入することによって算出される。

$$C/W = (29.0 + 16.5) \div 26.5 = 1.72$$
$$W/C = 0.581 \quad (58.1\%)$$

ⅱ）所要の耐久性から定まる水セメント比

鉛直壁の厚さは20cmで断面が薄い場合に相当し、気象作用の厳しいところにおける普通の露出状態の構造であるから、水セメント比は小さい方が望ましい。国土交通省の通達から、鉄筋コンクリートの水セメント比を55%以下のする必要があり、変動を考慮して53%とする。

ⅲ）強度、耐久性の両者を考慮して、水セメント比を小さいほうの53%と定める。

5）各単位量

第1章表-1.15に準じ下記の修正計算を行う。

条件	修正計算	細骨材率（%）	単位水量（kg／m³）
表−1.8に示された値		45.0	165
砂のF.M.が2.60,	$45 - \dfrac{2.80 - 2.60}{0.1} \times 0.5 = 44.0$	44.0	165
W/Cが0.53,	$44.0 + \dfrac{0.53 - 0.55}{0.05} \times 1 = 43.6$	43.6	165
スランプが15cm,	$165 \times (1 + (15 - 8) \times 0.012) = 179$	43.6	179
空気量が5.5%	$\begin{cases} 43.6 + (6.0 - 5.5) \times 0.75 = 44.0 \\ 179 \times (1 + (6.0 - 5.5) \times 0.03) = 182 \end{cases}$	<u>44.0</u>	<u>182</u>

単位セメント量　$C = 182 / 0.53 = 343 \ (kg/m^3)$
骨材の絶対容積　$a = 1000 - (182 + 343 / 3.15 + 55) = 654 \ (l/m^3)$
単位細骨材量　$S = 654 \times 0.44 \times 2.63 = 757 \ (kg/m^3)$
単位粗骨材量　$G = 654 \times (1 - 0.44) \times 2.65 = 971 \ (kg/m^3)$
混和剤量（単位セメント量の0.25%を使用するとして）　$343 \times 0.0025 = 0.858 \ (kg/m^3)$

6）試し練りの配合

以上の結果、試し練りの配合は**付表-1**となる。

付表-1　試し練り用の配合

粗骨材の 最大寸法 （mm）	目標 スランプ （cm）	目標 空気量 （%）	水 セメント比 （%）	細骨材率 （%）	単位量				
					水 W	セメント C	細骨材 S	粗骨材 G	混和剤 AD
20	15	5.5	53.0	44.0	182	343	757	971	0.858

⑵　試し練り

1）試験バッチに用いる各試料の質量

試験バッチは小型ミキサを用いることとし、1バッチの量を30lとすれば、

水＝182×0.03＝5.46（kg）

セメント＝343×0.03＝10.29（kg）

表面乾燥飽水状態の細骨材＝757×0.03＝22.71（kg）

表面乾燥飽水状態の粗骨材＝971×0.03＝29.13（kg）

細骨材は湿ったものを用い、粗骨材は表面乾燥飽水状態として用いるものとする。細骨材の表面水率を2.3％とすれば

湿った細骨材の質量＝22.71×1.023＝23.23（kg）

減水剤は規定量（C×0.25％）使用するが、あらかじめ4倍液となった状態で用いるので

減水剤量＝0.858×0.03×4＝0.103（kg）

細骨材の表面水量：22.71×0.023＝0.52（kg）

計量する水量＝5.46−0.10−0.52＝4.84（kg）

2）第1次補正

第1バッチの試し練りの結果

スランプ20cm、空気量が5.8％で適度に粘性のあるコンクリートとなった。このバッチのコンクリートのでき上り量は

$$\frac{30（1-0.055）}{（1-0.058）}=30.10（l）$$

となり、単位水量は

$$\frac{5.46}{30.10}×1000=181（kg/m^3）$$

第2バッチの単位水量を、第1章**表-1.15**に準じて補正すると、目標スランプの15cmに対しては、

$W = 181 \{1 - 0.012 \ (20-15)\} = 170 \ (\mathrm{kg/m^3})$

また、空気量に対する単位水量の補正は、

$W = 170 \{1 + 0.03 \ (5.8-5.5)\} = 172 \ (\mathrm{kg/m^3})$

細骨材率は空気量を0.3%減ずる必要があるのでs/aは、

$s/a = 44.0 - ((5.8-5.5) \times 0.75) = 43.8 \ (\%)$

減水剤量は規定量とするが、混和剤中の空気連行助剤量を減ずる。

3）第2次補正

第2バッチの試し練りの結果、

スランプが14.5cm、空気量が5.4%となり、目標とするスランプと空気量の範囲になった。また、出来上がったコンクリートの状態は適度に粘性があったので、計画時の配合は**付表-2**のように定める。

付表-2　計画時の配合表（20±3℃における標準とする配合）

粗骨材の最大寸法（mm）	スランプの範囲（cm）	空気量の範囲（%）	水セメント比（%）	細骨材率（%）	単位量				
					水 W	セメント C	細骨材 S	粗骨材 G	混和剤 AD
20	15± 2.5	5.5± 1.5	53.0	43.8	172	325	772	998	0.813

単位セメント量　$C = 172 / 0.53 = 325 \ (\mathrm{kg/m^3})$
単位骨材量　$a = 1000 - (172 + 325 / 3.15 + 55) = 670 \ (l/\mathrm{m^3})$
単位細骨材量　$S = 670 \times 0.438 \times 2.63 = 772 \ (\mathrm{kg/m^3})$
単位粗骨材量　$G = 670 \times (1 - 0.438) \times 2.65 = 998 \ (\mathrm{kg/m^3})$

⑶　施工時の配合

　計画時の配合では一般に温度20℃前後とし、骨材は使用予定の品質の平均的なものを用いる。しかし、現場で入手できる骨材はある範囲で品質が変動し、打込み時期によりコンクリート温度が異なれば第6章図-6.5に示すように目標とするスランプに対して単位水量を増減する必要がある。また、コンクリートの温度が異なれば、スランプロスの程度も異なるため、練混ぜ直後のスランプを若干増減させるか、使用混和剤のタイプの変更（例えば遅延形など）や使用量の増減で対応することになる。

　一方、使用骨材の品質は、できるだけ変動が少なくなるように管理を行うが、若干の変動は生じる。そのため、細骨材、粗骨材ともに粗粒率を測定し、単位水量の増減の目安を得る。粒度分布を安定したものとするには、細骨材、粗骨材とも2～3分割で計量する方法であれば、それらの比率を変えることで目標とする粒度に近いものとすることができる。

［施工時の配合の修正例］

　夏季の気温の高い時期にコンクリートを製造すると、目標スランプを得るために単位水量が第6章図-6.5に示されるように約10kg/m³増加させなければならない。しかし、計画時（20℃程度の時期）の配合で、すでに単位水量は土木学会が上限として推奨する175kg/m³に近い値

であり、単位水量だけの変更では上限を超えてしまう。そこで、単位水量を増加させないで夏季においても同等のスランプを確保できるように、高性能AE混和剤を用いることとする。同時に遅延型の混和剤とし、スランプの低下を抑制することで、単位水量を標準時と同等で配合を算出することとした。

したがって、施工時の修正配合は以下の通りとなる。

単位水量　　　　　　　172kg/m^3
単位セメント量　　　　325kg/m^3
単位細骨材量　　　　　772kg/m^3
単位粗骨材量　　　　　998kg/m^3
単位混和剤量　　　　　3.25kg/m^3

（高機能AE減水剤遅延形　については、メーカーの推奨値による）

なお、ここで定めた配合は、計画時の配合に対して、材料の変動や温度の違いを想定したものであるが、現場の条件でさらに修正の必要がある場合が多い。そのため、施工時の最初の製造において、目標とするスランプやその他の性能が得られていることを確認し、目標値の範囲を超える場合は、現場におけるさらなる修正が必要である。

２．国際単位系（SI）

SI（Le Systeme International d'Unites）は世界中で同じ尺度を用いることを目的として、1960年の国際度量衡総会で採用された国際単位系の略称である。我が国においても1993年に新計量法が施行され、SI単位への切換を行うことになった。JIS A 5308（レディーミクストコンクリート）においても、1995年４月１日からSI単位に切り換えられている。

慣用単位からSI単位への換算表を**付表-3**に示す。さらに詳しい内容については、JIS Z 8203を参照されたい。

付表-3　SI単位系への換算表

量	慣 用 単 位		SI 単 位		換 算 率
力	重量キログラム	kgf	ニュートン	N	1 kgf＝9. 80665 N
応 力	重量キログラム毎平方センチメートル	kgf/cm²	パスカル	Pa	1 kgf/cm² ＝9. 80665×10⁴ Pa ＝9. 80665×10⁻² MPa
			ニュートン毎平方ミリメートル	N/mm²	1 kgf/cm² ＝9. 80665×10⁻² N/mm²
圧 力	重量キログラム毎平方センチメートル	kgf/cm²	パスカル	Pa	1 kgf/cm² ＝9. 80665×10⁴ Pa ＝9. 80665×10⁻² MPa
仕 事	重量キログラムメートル	kgf•m	ジュール	J	1 kgf•m＝9. 80665 J
加速度	ガル ジー	Gal G	メートル毎秒	m/s²	1 Gal＝0. 01 m/s² 1 G＝9. 80665 m/s²
熱	カロリー	cal	ジュール ワット秒	J W•s	1 cal＝4. 18605 J 1 cal＝4. 18605 W•s
熱伝導率	カロリー毎時毎メートル毎度	cal/(h•m•℃)	ワット毎メートル毎度	W/(m•℃)	1 cal/(h•m•℃) ＝0. 001163 W/(m•℃)
比 熱	カロリー毎キログラム毎度	cal/(kg•℃)	ジュール毎キログラム毎度	J/(kg•℃)	1 cal/(kg•℃) ＝4. 18605 J/(kg•℃)
熱伝達係 数	カロリー毎時毎平方メートル毎度	cal/(h•m²•℃)	ワット毎平方メートル毎度	W/(m²•℃)	1 cal/(h•m²•℃) ＝0. 001163 W/(m²•℃)

参 考 文 献

⑴岩崎：コンクリートの特性、共立出版、1975

⑵樋口・村田・小林：コンクリート工学⑴施工、彰国社、1975

⑶日本コンクリート工学会編：コンクリート技術の要点'14、2014

⑷岩崎・西林・青柳：新体系土木学会29巻、フレッシュコンクリート・硬化コンクリート、土木学会編、技報堂出版、1981

⑸笠井：コンクリートの初期性状、コンクリートジャーナル、Vol.11、No.10、pp. 1〜15、1973

⑹セメント協会編：セメント・コンクリート問答、1979

⑺土木学会編：2022年制定コンクリート標準示方書［基本原則編］、令和5年3月

⑻土木学会編：2023年制定コンクリート標準示方書［施工編］、令和5年9月

⑼土木学会編：2022年制定コンクリート標準示方書［設計編］、令和5年3月

⑽土木学会編：コンクリートライブラリー第162号2022年制定コンクリート標準示方書改訂資料－基本原則編・設計編・維持管理編－、令和5年3月

⑾土木学会編：2023年制定コンクリート標準示方書［規準編］、令和5年9月

⑿土木学会編：2023年制定コンクリート標準示方書［ダムコンクリート編］、令和5年9月

⒀土木学会編：2022年制定コンクリート標準示方書［維持管理編］、令和5年3月

⒁土木学会編：コンクリートライブラリー第164号2023年制定コンクリート標準示方書改訂資料－施工編・ダムコンクリート編・規準編－、令和5年9月

⒂土木学会編：2017年制定コンクリート標準示方書［施工編］、平成30年3月

⒃日本建築学会編：建築工事標準仕様書・同解説（JASS 5）鉄筋コンクリート工事2015、2015.7

⒄村田・長滝・菊川：土木材料Ⅱ（コンクリート）、共立出版、1974

⒅セメントの需給、セメント協会HP

⒆骨材需給の推移、一般社団法人日本砕石協会

⒇建設材料研究会編：最近のコンクリート用骨材をめぐる諸問題（第2回講演会テキスト）1984

(21)十河・三浦・玉田：分離低減剤を用いたコンクリートの基礎性状、第38回セメント技術大会概要集、セメント協会、1984

(22)十河・三浦：コールドジョイントの防止対策とその判定法、セメント・コンクリート、No.448、1984.6

(23)毛見：高強度コンクリートに関する研究、戸田建設技術研究所報告34号、1968.7

(24)土木学会編：仮設構造物の計画と施工、1979

(25)全国コンクリート圧送事業団体連合会編：最新コンクリートポンプ圧送マニュアル、2019

(26)森川・小野：コンクリート仮設支保工と作業足場の基礎、基礎工学、第8巻、第3号、1980

(27){特集}コンクリート工事の施工管理とその実際、建築の技術、施工、No.145、彰国社、1978.6

(28){特集}寒中コンクリート、コンクリート工学、Vol. 9、No.11、1971

⑵9 ｛特集｝ 暑中コンクリート、コンクリート工学、Vol.４、No.６、1966

⑶0暑中コンクリートの施工指針 ｛訳｝ 建築の技術 施工、1973

⑶1桜井・壷坂・宮坂：特殊コンクリートの施工、コンクリートセミナー３、共立出版、1976

⑶2塚山：マスコンクリートの施工、コンクリート技術の基礎‘73’日本コンクリート会議（現在日本コンクリート工学会）、pp105～124、1973.９

⑶3セメント協会編：セメントの常識

⑶4小林：「耐海水コンクリート」コンクリートジャーナル、Vol.11、No.７、1973

⑶5土木学会編：流動化コンクリート施工指針（案）、昭和58年10月

⑶6日本コンクリート工学会編：コンクリートのひびわれ調査・補修・補強指針－2013－、2013

⑶7仕入・長滝：鉄筋コンクリート技術の要点―コンクリートのひびわれ、日本コンクリート会議、1974

⑶8 ｛特集｝ コンクリートのひびわれ、コンクリートジャーナル、Vol.11、No.９、1973

⑶9芳賀訳：コンクリートの被害調査指針、コンクリートジャーナル、Vol.17、No.12、1969

⑷0渡辺：セメントの歴史、建設情報、Vol.26、土木施工管理技術研究会、1981

⑷1 S.B.ハミルトン著、村松貞次郎訳：技術の歴史、No.８、pp.382～386、筑摩書房、1963

⑷2土木学会編：明治以前日本土木史、pp.743～1745、岩波書店、1973

⑷3山田：コンクリートと施工法 ｛その３｝ 材料による移り変り－セメント・混和材－、コンクリート工学、Vol.18、No.８、1980

⑷4大塩：コンクリートと施工法 ｛その４｝ 材料による移り変り－混和材料－、コンクリート工学、Vol.18、No.９、1980

⑷5伊藤：コンクリートと施工法 ｛その５｝ 材料による移り変り－骨材－、コンクリート工学、Vol.18、No.10、1980

⑷6豊島：コンクリートと施工法 ｛その６｝ 材料による移り変り－鉄筋－、コンクリート工学、Vol.18、No.11、1980

⑷7國分：コンクリートと施工法 ｛その２｝ 土木におけるコンクリート施工の移り変り、コンクリート、Vol.18、No.６、1980

⑷8芳賀・十河：コンクリート工事の省力化、基礎工、Vol.６、No.９、1978

⑷9日本コンクリート工学協会編：コンクリート用語辞典、1983.８

⑸0金沢・二宮・十河・新開：超低発熱セメントの橋りょうマスコンクリート構造物への適用性、コンクリート工学、Vol.27、No.５、May1989

(51)竹田・平田・十河・芳賀：透水性シートを用いた型わくによるコンクリート表面の品質改善、コンクリート工学年次論文報告集、11－１、pp.683～688、1989

(52)（財）国土開発技術研究センター編、コンクリートの耐久性向上技術、昭和61年10月

(53)（財）土木研究センター編：コンクリートの耐久性向上技術の開発、平成元年５月

(54)土木学会編：水中不分離性コンクリート設計施工指針（案）、平成３年

(55)長瀧重義、山本泰彦編著：図解コンクリート用語事典、山海堂、2000年５月

編者

十河　茂幸（そごう・しげゆき）

　　　近未来コンクリート研究会　代表

　　　元広島工業大学　工学部　教授

　　　工学博士、技術士（建設部門）

　　　一級土木施工管理技士

　　　特別上級技術者［メンテナンス］［鋼・コンクリート］（土木学会）

　　　コンクリート診断士

良いコンクリートを打つための要点

昭和56年11月16日　　初版発行ⓒ
昭和59年 9 月 1 日　　改訂第 1 版発行
平成30年 9 月 3 日　　改訂第 9 版発行
令和 3 年 5 月19日　　改訂第 9 版第 2 刷発行
令和 4 年 9 月16日　　改訂第 9 版第 3 刷発行
令和 5 年 4 月 7 日　　改訂第 9 版第 4 刷発行
令和 6 年 5 月29日　　改訂第10版発行

発　　　　　行　　一般社団法人　全国土木施工管理技士会連合会
　　　　　　　　　〒102-0076
　　　　　　　　　東京都千代田区五番町 6 - 2　ホーマットホライゾンビル 1 階
　　　　　　　　　TEL03（3262）7421　FAX03（3262）7424
　　　　　　　　　http://www.ejcm.or.jp/

印　　刷　　所　　第一資料印刷株式会社
　　　　　　　　　〒162-0818
　　　　　　　　　東京都新宿区築地町 8 - 7
　　　　　　　　　TEL03（3267）8211　FAX03（3267）8222
　　　　　　　　　https://www.d-s-p.jp/